好《す》きを知《ち》識《しき》と力《ちから》にかえる

Newton《ニュートン》

博士《はかせ》ずかん

118元《げん》素《そ》

10族	11族	12族	13族	14族	15族	16族	17族	18族
								4.003 2 ヘリウム He Helium
			10.82 5 ホウ素 B Boron	12.01 6 炭素 C Carbon	14.01 7 窒素 N Nitrogen	16.00 8 酸素 O Oxygen	19.00 9 フッ素 F Fluorine	20.18 10 ネオン Ne Neon
			26.98 13 アルミニウム Al Aluminium	28.09 14 ケイ素 Si Silicon	30.97 15 リン P Phosphorus	32.08 16 硫黄 S Sulfur	35.46 17 塩素 Cl Chlorine	39.96 18 アルゴン Ar Argon
58.69 28 ニッケル Ni Nickel	63.55 29 銅 Cu Copper	65.38 30 亜鉛 Zn Zinc	69.72 31 ガリウム Ga Gallium	72.63 32 ゲルマニウム Ge Germanium	74.92 33 ヒ素 As Arsenic	78.97 34 セレン Se Selenium	79.91 35 臭素 Br Bromine	83.80 36 クリプトン Kr Krypton
106.4 46 パラジウム Pd Palladium	107.9 47 銀 Ag Silver	112.4 48 カドミウム Cd Cadmium	114.8 49 インジウム In Indium	118.7 50 スズ Sn Tin	121.8 51 アンチモン Sb Antimony	127.6 52 テルル Te Tellurium	126.9 53 ヨウ素 I Iodine	131.3 54 キセノン Xe Xenon
195.1 78 白金 Pt Platinum	197.0 79 金 Au Gold	200.6 80 水銀 Hg Mercury	204.4 81 タリウム Tl Thallium	207.9 82 鉛 Pb Lead	209.0 83 ビスマス Bi Bismuth	(210) 84 ポロニウム Po Polonium	(210) 85 アスタチン At Astatine	(222) 86 ラドン Rn Radon
(281) 110 ダームスタチウム Ds Darmstadtium	(280) 111 レントゲニウム Rg Roentgenium	(285) 112 コペルニシウム Cn Copernicium	(278) 113 ニホニウム Nh Nihonium	(289) 114 フレロビウム Fl Flerovium	(289) 115 モスコビウム Mc Moscovium	(293) 116 リバモリウム Lv Livermorium	(293) 117 テネシン Ts Tennessine	(294) 118 オガネソン Og Oganesson

↑典型元素《てんけいげんそ》

152.0 63 ユウロピウム Eu Europium	157.3 64 ガドリニウム Gd Gadolinium	158.9 65 テルビウム Tb Terbium	162.5 66 ジスプロシウム Dy Dysprosium	164.9 67 ホルミウム Ho Holmium	167.3 68 エルビウム Er Erbium	168.9 69 ツリウム Tm Thulium	173.0 70 イッテルビウム Yb Ytterbium	175.0 71 ルテチウム Lu Lutetium
(243) 95 アメリシウム Am Americium	(247) 96 キュリウム Cm Curium	(247) 97 バークリウム Bk Berkelium	(252) 98 カリホルニウム Cf Californium	(252) 99 アインスタイニウム Es Einsteinium	(257) 100 フェルミウム Fm Fermium	(258) 101 メンデレビウム Md Mendelevium	(259) 102 ノーベリウム No Nobelium	(262) 103 ローレンシウム Lr Lawrencium

※原子番号《げんしばんごう》が104番《ばん》からあとの元素《げんそ》の化学的性質《かがくてきせいしつ》は、まだわかっていない。

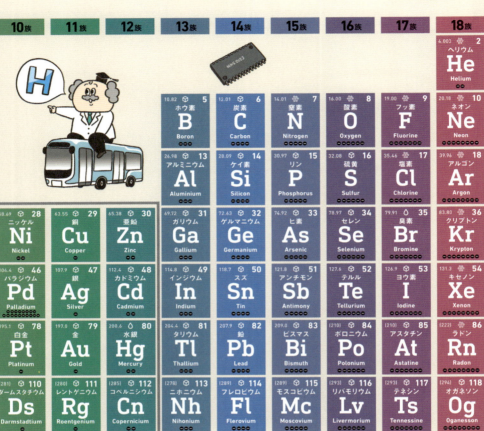

元素《げんそ》の周期表《しゅうきひょう》

(ぞく)

(しゅうき)	1族	2族	3族	4族	5族	6族	7族	8族	9族
第1周期	1.008 1 水素 **H** Hydrogen ⊖								
第2周期	7.000 3 リチウム **Li** Lithium ⊖	9.012 4 ベリリウム **Be** Beryllium ⊖⊖							
第3周期	22.99 11 ナトリウム **Na** Sodium ⊖	24.31 12 マグネシウム **Mg** Magnesium ⊖⊖							
第4周期	39.10 19 カリウム **K** Potassium ⊖	40.08 20 カルシウム **Ca** Calcium ⊖⊖	44.96 21 スカンジウム **Sc** Scandium ⊖⊖	47.87 22 チタン **Ti** Titanium ⊖⊖	50.94 23 バナジウム **V** Vanadium ⊖⊖	52.00 24 クロム **Cr** Chromium ⊖	54.94 25 マンガン **Mn** Manganese ⊖⊖	55.85 26 鉄 **Fe** Iron ⊖⊖	58.93 27 コバルト **Co** Cobalt ⊖⊖
第5周期	85.47 37 ルビジウム **Rb** Rubidium ⊖	87.62 38 ストロンチウム **Sr** Strontium ⊖⊖	88.91 39 イットリウム **Y** Yttrium ⊖⊖	91.22 40 ジルコニウム **Zr** Zirconium ⊖⊖	92.91 41 ニオブ **Nb** Niobium ⊖	95.95 42 モリブデン **Mo** Molybdenum ⊖	[99] 43 テクネチウム **Tc** Technetium ⊖⊖	101.1 44 ルテニウム **Ru** Ruthenium ⊖	102.9 45 ロジウム **Rh** Rhodium ⊖
第6周期	132.9 55 セシウム **Cs** Caesium ⊖	137.3 56 バリウム **Ba** Barium ⊖⊖	57～71 ランタノイド	178.5 72 ハフニウム **Hf** Hafnium ⊖⊖	180.9 73 タンタル **Ta** Tantalum ⊖⊖	183.8 74 タングステン **W** Tungsten ⊖⊖	186.2 75 レニウム **Re** Rhenium ⊖⊖	190.2 76 オスミウム **Os** Osmium ⊖⊖	192.2 77 イリジウム **Ir** Iridium ⊖⊖
第7周期	[223] 87 フランシウム **Fr** Francium ⊖	[226] 88 ラジウム **Ra** Radium ⊖⊖	89～103 アクチノイド	[267] 104 ラザホージウム **Rf** Rutherfordium ⊖⊖	[268] 105 ドブニウム **Db** Dubnium ⊖⊖	[271] 106 シーボーギウム **Sg** Seaborgium ⊖⊖	[272] 107 ボーリウム **Bh** Bohrium ⊖⊖	[277] 108 ハッシウム **Hs** Hassium ⊖⊖	[276] 109 マイトネリウム **Mt** Meitnerium ⊖⊖

↑典型元素《てんけいげんそ》

↓遷移元素《せんいげんそ》

例《れい》

- 原子量《げんしりょう》 — 1.008
- 元素《げんそ》の名前《なまえ》 — 水素
- 元素記号《げんそきごう》 — H
- 元素《げんそ》の英名《えいめい》 — Hydrogen
- 原子番号《げんしばんごう》 — 1
- 最外殻電子《さいがいかくでんし》の数《かず》 — ⊖

- ○：常温《じょうおん》で気体《きたい》
- 💧：常温《じょうおん》で液体《えきたい》
- ◇：常温《じょうおん》で固体《こたい》

57～71 ランタノイド	138.9 57 ランタン **La** Lanthanum ⊖⊖	140.1 58 セリウム **Ce** Cerium ⊖⊖	140.9 59 プラセオジム **Pr** Praseodymium ⊖⊖	144.2 60 ネオジム **Nd** Neodymium ⊖⊖	[145] 61 プロメチウム **Pm** Promethium ⊖⊖	150.4 62 サマリウム **Sm** Samarium ⊖⊖
89～103 アクチノイド	[227] 89 アクチニウム **Ac** Actinium ⊖⊖	232.0 90 トリウム **Th** Thorium ⊖⊖	231.0 91 プロトアクチニウム **Pa** Protactinium ⊖⊖	238.0 92 ウラン **U** Uranium ⊖⊖	[237] 93 ネプツニウム **Np** Neptunium ⊖⊖	[239] 94 プルトニウム **Pu** Plutonium ⊖⊖

データの出典

原子量…日本化学会原子量専門委員会が2024年に発表した、4けたの原子量。

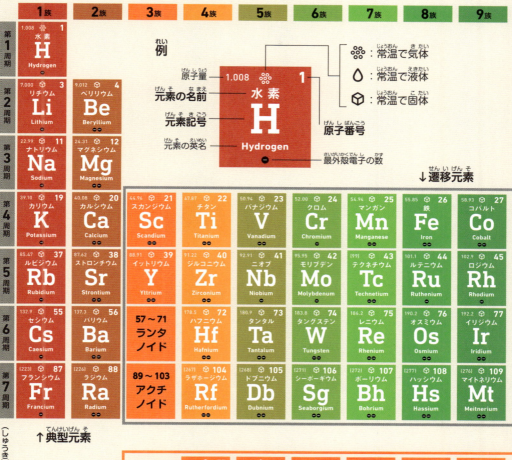

Gallery
ギャラリー

桜《さくら》井《い》博士《はくし》にうかがう…
元素《げんそ》と化学《かがく》のおもしろさ

この本《ほん》の監修者《かんしゅうしゃ》である桜《さくら》井《い》弘《ひろむ》博士《はくし》は、『元素検定《げんそけんてい》』『元素《げんそ》118の新知識《しんちしき》』『宮沢賢治《みやざわけんじ》の元素《げんそ》図鑑《ずかん》』など、これまでに元素《げんそ》に関《かん》する書籍《しょせき》を何冊《なんさつ》も世《よ》に送《おく》りだしてきました。

現在《げんざい》は、子供《こども》から大人《おとな》まではば広《ひろ》い世代《せだい》に、元素《げんそ》や化学《かがく》のおもしろさを伝《つた》える活動《かつどう》を行《おこな》っているといいます。

そんな桜《さくら》井《い》博士《はくし》に、お話《はなし》をうかがいました。

※このページは、別冊《べっさつ》『学《まな》び直《なお》し中学《ちゅうがく》・高校《こうこう》化学《かがく》』（2018）に掲載《けいさい》されたインタビューを、再編集《さいへんしゅう》したものです。

元素《げんそ》の世界《せかい》から「生《い》きた歴史《れきし》」を学《まな》ぶ

Newton《ニュートン》 先生《せんせい》は元素《げんそ》を、どのようにとらえていらっしゃいますか?

桜井《さくらい》 宇宙《うちゅう》のはじまり、地球《ちきゅう》のはじまり、生命《せいめい》のはじまりは、現在《げんざい》ではすべて元素《げんそ》から語《かた》られています。

「私《わたし》たちは星《ほし》のかけら」とよく言《い》われるように、私《わたし》たちの存在《そんざい》は星《ほし》のはじまりまでさかのぼり、生命《せいめい》は元素《げんそ》から考《かんが》える時代《じだい》になっています。

宇宙《うちゅう》をつくっている元素《げんそ》、人《ひと》をつくっている元素《げんそ》、身《み》のまわりのすべてをつくっている元素《げんそ》、すべての基本《きほん》となっている元素《げんそ》を身近《みぢか》に知《し》り感《かん》じることは、化学《かがく》を好《す》きになる原点《げんてん》ではないかと思《おも》います。

Newton《ニュートン》 元素《げんそ》は一《ひと》つひとつにちがった物語《ものがたり》があって、読《よ》んでいて興味《きょうみ》がつきません。

桜井《さくらい》 そうですね。それぞれの元素《げんそ》が発見《はっけん》された経緯《けいい》や歴《れき》史的背景《してきはいけい》を調《しら》べていくと、元《げん》素《そ》が発見《はっけん》された時代《じだい》の社会構《しゃかいこう》造《ぞう》、文化《ぶんか》・芸術《げいじゅつ》・社会生活《しゃかいせいかつ》の高《たか》さ、科学技術《かがくぎじゅつ》の発展《はってん》の度合《どあ》い、そして元素発見《げんそはっけん》にたずさわった人々《ひとびと》のふるまい方《かた》などを知《し》ることができます。すなわち、元素《げんそ》の世界《せかい》から「生《い》きた歴史《れきし》」を学《まな》ぶことができると思《おも》います(↓つづく)。

そして重要《じゅうよう》なことは、これらの歴史《れきし》を知《し》ることによって、化学《かがく》（科学《かがく》）に対《たい》する考《かんが》え方《かた》がみがかれるという点《てん》です。ひいては、自分《じぶん》はどう生《い》きればいいか、そのヒントが得《え》られることにもなります。

Newton《ニュートン》　たとえば、どんな話《はなし》がありますか？

桜井《さくらい》　ダイヤモンドは「炭素《たんそ》」のかたまりです。今《いま》の私《わたし》たちは知識《ちしき》として知《し》っていることですが、何世紀《なんせいき》も前《まえ》には、だれも知《し》りませんでした。では、それを確《たし》かめるにはどうしたらよいか。

フランスの大化学者《だいかがくしゃ》であるアントワーヌ・ラボアジエ（1743〜1794）は、ダイヤモンドを実際《じっさい》に燃《も》やしてしまいました。

炭素《たんそ》でできていることを確《たし》かめるために、高価《こうか》なダイヤモンドを燃《も》やしてしまう、その化学者《かがくしゃ》の心《こころ》は、どのようなものでしょうか。化学《かがく》に対《たい》する姿勢《しせい》が問《と》われるようなエピソードだと思《おも》います。

「リチウム」についても興味《きょうみ》深《ぶか》い話《はなし》があります。リチウムを発見《はっけん》したのは、ヨアン・オーガスト・アルフェドソンというスウェーデンの化学者《かがくしゃ》です（1792〜1841）。

アルフェドソンは、新《あたら》しい元素《げんそ》を見《み》つけたことを、師匠《ししょう》であるベルセリウスに報告《ほうこく》します。ベルセリウスは、新《あたら》しい元素《げんそ》が石《いし》から見《み》つけられたなら、その名前《なまえ》はギリシャ語《ご》で石《いし》を意味《いみ》する「リトス」にちなんで、「リチウム」にしてはどうかと提案《ていあん》するのです。

　この場合《ばあい》、現代《げんだい》でしたら、リチウムの発見者《はっけんしゃ》は、アルフエドソンとベルセリウスになるでしょう。アルフェドソンはベルセリウスのもとで研究《けんきゅう》を行《おこな》っていたのですから。

　でも、ベルセリウスは、そうはさせませんでした。発見《はっけん》したのはアルフェドソンなのだから、自分《じぶん》の名前《なまえ》は入《い》れなくてもよいと告《つ》げたのです。

　このような師弟《してい》の心《こころ》あたたまる話《はなし》を聞《き》くと、自分《じぶん》も生《い》き方《かた》を問《と》われているような気《き》がします。

化学《かがく》の楽《たの》しさは新《あたら》しい物質《ぶっしつ》をつくること

Newton《ニュートン》　化学《かがく》の楽《たの》しさ、おもしろさは、どのような点《てん》にあると思《おも》われますか？

桜井《さくらい》　化学《かがく》の楽《たの》しさは、真《ま》っ白《しろ》な紙《かみ》に絵《え》をかく、あるいは青空《あおぞら》の下《もと》に一戸《いっこ》の住宅《じゅうたく》を建設《けんせつ》することと同《おな》じように、元素《げんそ》どうし、化合物《かごうぶつ》どうし、あるいは元素《げんそ》と化合物《かごうぶつ》を結合《けつごう》させて、今《いま》までこの世《よ》になかった新《あたら》しい物質《ぶっしつ》をつくることだと思《おも》います。

　文献《ぶんけん》を調《しら》べ、合成方針《ごうせいほうしん》を考《かんが》えて決《き》め、失敗《しっぱい》をくりかえしながらの作業《さぎょう》は、時《とき》には苦《くる》しいことがありますが、未知《みち》へのあこがれにあふれています

（→つづく）。

合成《ごうせい》に成功《せいこう》し、論文《ろんぶん》として世界《せかい》の人々《ひとびと》の目《め》にふれ、評価《ひょうか》されたときの喜《よろこ》びと充実感《じゅうじつかん》は、何事《なにごと》にもかえがたい貴《き》重《ちょう》な体験《たいけん》となります。

Newton《ニュートン》 今《いま》まで、この世《よ》になかった新《あたら》しい物質《ぶっしつ》をつくると聞《き》いて、金《きん》や不老不死《ふろうふし》の薬《くすり》を生《う》みだそうとした、中世《ちゅうせい》の錬金術《れんきんじゅつ》を思《おも》いうかべました。

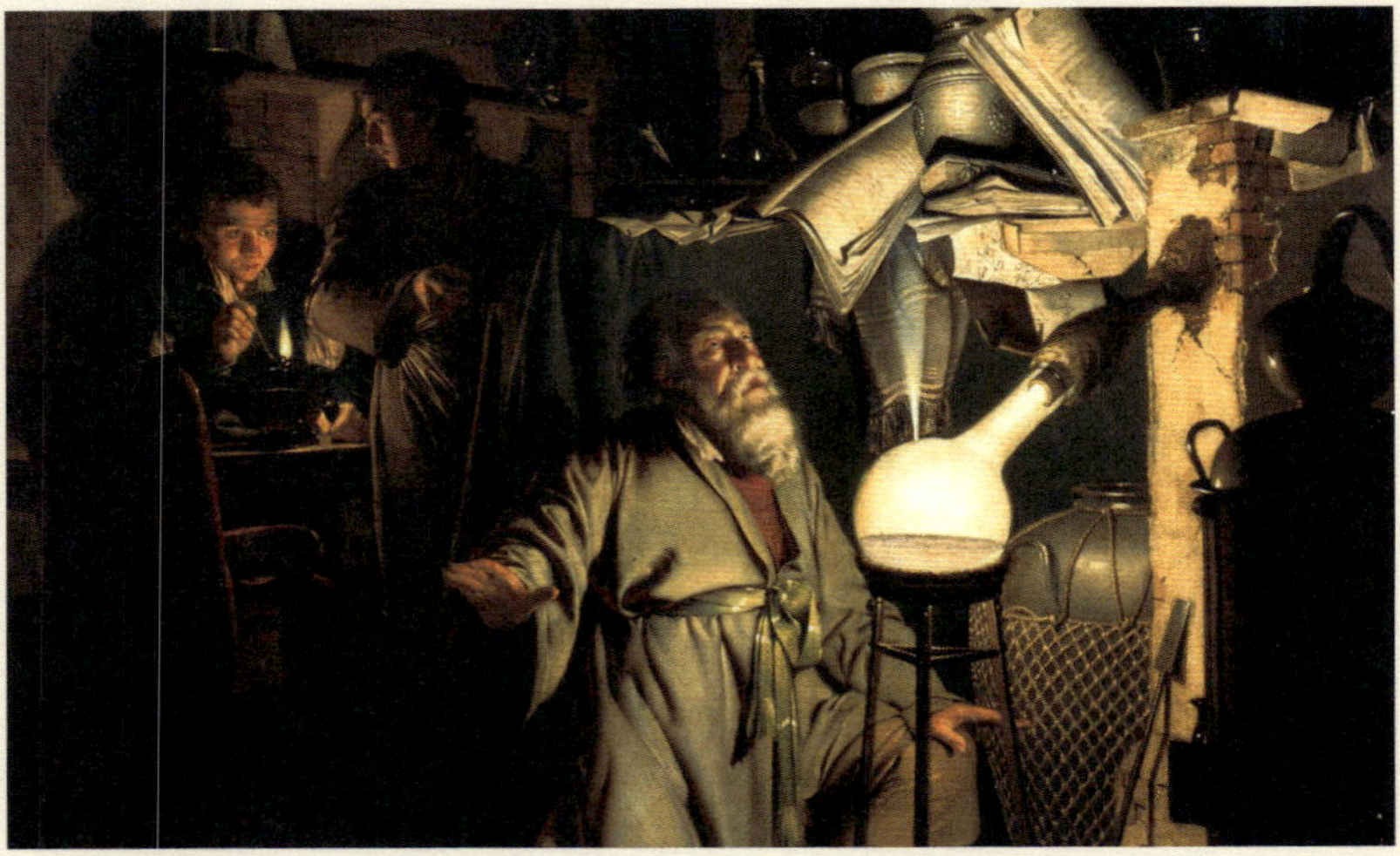

錬金術師《れんきんじゅつし》のヘニッヒ・ブラント（真《ま》ん中《なか》の人物《じんぶつ》、1630～1692）が「リン」という元《げん》素《そ》を発見《はっけん》した場面《ばめん》をえがいた『賢者《けんじゃ》の石《いし》を探《さが》す錬金術師《れんきんじゅつし》』という絵画《かいが》。ブラントは、人《ひと》の尿《にょう》を煮《に》つめて金《きん》をつくりだそうとしていたときに、リンを発見《はっけん》した。

桜井《さくらい》 錬金術《れんきんじゅつ》は、化《か》学《がく》の祖先《そせん》のようなものです。元素《げんそ》にはただひとつだけ、錬金《れんきん》術《じゅつ》師《し》によって発見《はっけん》されたものがあるのをご存知《ぞんじ》ですか？

それは「リン」です。偉大《いだい》な科学者《かがくしゃ》ニュートンも錬金術師《れんきんじゅつし》だったのですよ。

私《わたし》たちが今使《いまつか》っている化学《かがく》の実験器具《じっけんきぐ》の多《おお》くは、錬金術師《れんきんじゅつし》がつくったものが元《もと》になっています。

身《み》のまわりのことは化学《かがく》で話《はな》ができる

Newton《ニュートン》　先生《せんせい》は、小中学校《しょうちゅうがっこう》へ出前授業《でまえじゅぎょう》をされることもあるとうかがいました。授業《じゅぎょう》では、どのようなことを伝《つた》えていますか？

桜井《さくらい》　イギリスの化学者《かがくしゃ》マイケル・ファラデーが1855年《ねん》から1856年《ねん》にかけて講演《こうえん》した「少年少女《しょうねんしょうじょ》の聴衆《ちょうしゅう》のためのクリスマス講演《こうえん》」の記《き》録《ろく》は、『ロウソクの科学《かがく》』として出版《しゅっぱん》されて、世界中《せかいじゅう》で読《よ》まれています。

私《わたし》もこの書物《しょもつ》を大学生《だいがくせい》のころに読《よ》み、ロウソクはいかに燃《も》えつづけるかを知《し》り、感激《かんげき》しました。機会《きかい》があるたびに、私《わたし》は「この書物《しょもつ》を読《よ》んでごらん」と子供《こども》たちにすすめています。

ファラデーは、この講演《こうえん》の最後《さいご》で「来《きた》るべきみなさんの時代《じだい》において、ロウソクのようになってほしい」と子供《こども》たちに言《い》っています。みなさんは、ロウソクのように光《ひか》りかがやいて、世界《せかい》を照《て》らしてくださいと願《ねが》っているのです。

この言葉《ことば》はとてもすばらしく、私《わたし》が大事《だいじ》にしている言葉《ことば》です。私《わたし》は、ロウソクを化学《かがく》の力《ちから》に置《お》きかえられると思《おも》います。化学《かがく》の力《ちから》で世界《せかい》を明《あか》るくしてほしい、そう願《ねが》っています。

Newton《ニュートン》　今日《きょう》は、たくさんのお話《はなし》を、ありがとうございました！

★はじめに★

学校《がっこう》の授業《じゅぎょう》や勉強《べんきょう》は苦手《にがて》だけど、「宇宙《うちゅう》の話《はなし》だったら、何時間《なんじかん》でも聞《き》いていられる」「恐竜《きょうりゅう》の本《ほん》だったら何冊《なんさつ》でも読《よ》めるし、書《か》いてあることをどんどん覚《おぼ》えられる」などという人《ひと》も多《おお》いのではないでしょうか。

「博士《はかせ》ずかん」は、そんなみなさんのための本《ほん》です。基本的《きほんてき》なことだけでなく、大人《おとな》の本《ほん》にのっているような深《ふか》い話題《わだい》についても、たくさんあつかっています。1冊《さつ》読《よ》み切《き》るころには、みなさんの知識《ちしき》は何倍《なんばい》にもふえていることでしょう。

さて、世《よ》の中《なか》の多《おお》くの知識《ちしき》は、

たがいにつながっています。たとえば「地球《ちきゅう》の誕生《たんじょう》」について知《し》りたいと思《おも》い、深《ふか》く調《しら》べていったとしましょう。すると、その途中《とちゅう》には、算数《さんすう》の計算《けいさん》（たし算《ざん》、ひき算《ざん》、かけ算《ざん》、わり算《ざん》、九《く》九《く》など）や、理科《りか》の教科書《きょうかしょ》にのっている光合成《こうごうせい》や磁石《じしゃく》の話《はなし》などが登場《とうじょう》します。

つまり、〝知《し》って・学《まな》んで無駄《むだ》になること〟はないのです。

みなさんもぜひ、いろいろなことに興味《きょうみ》をもち、いろいろな本《ほん》を読《よ》んで（知識《ちしき》にふれて）みてください。それが結果《けっか》として、みなさんが好《す》きなことや得意《とくい》なことをのばすことに、つながるはずですよ。

ニュートン編集部《へんしゅうぶ》

もくじ

1章《しょう》 元《げん》素《そ》って何《なん》だろう？

2章《しょう》 118元《げん》素《そ》を見《み》てみよう①

3章《しょう》 元《げん》素《そ》のことを、もっと知《し》りたい！

4章《しょう》 118元《げん》素《そ》を見《み》てみよう②

キャラ紹《しょう》介《かい》

りんごちゃん
RINGO CHAN

ハカセと仲《なか》がいい、元《げん》気《き》いっぱいのリンゴ。どこかぬけている。

ハカセ
HAKASE

理《り》系《けい》教《きょう》科《か》にくわしい、とても物《もの》知《し》りな博士《はかせ》。あまいものが好《す》き。

わあん
WaaaaN

宇《う》宙《ちゅう》からやってきた宇《う》宙《ちゅう》犬《けん》。ただし、本人《ほんにん》はそのことを認《みと》めようとしない。

1章《しょう》

元素《げんそ》って何《なん》だろう？

1 教《おし》えてハカセ！「元素《げんそ》」って何《なに》？

みなさんは、私《わたし》たち人間《にんげん》が何《なに》かららできているか答《こた》えられますか？　骨《ほね》や筋肉《きんにく》、水《みず》、タンパク質《しつ》、細胞《さいぼう》など、いろいろな声《こえ》が聞《き》こえてきそうですね。では、それらは何《なに》からできているでしょう？　…正解《せいかい》は「原子《げんし》」です。

世《よ》の中《なか》のすべてのものは、原子《げんし》でできています。原子《げんし》とは、目《め》に見《み》えないとても小《ちい》さなつぶのことです。人間《にんげん》だけでなく、水《みず》も石《いし》もダイヤモンドも空気《くうき》も、原子《げんし》の集《あつ》まりなのです。

ひとくちに原子《げんし》といっても、さまざまな種類《しゅるい》があります。たとえば水《みず》は、「水素《すいそ》」と「酸素《さんそ》」という2種類《しゅるい》の原子《げんし》からできています。また、ダイヤモンドは「炭素《たんそ》」という、1種類《しゅるい》の原子《げんし》からできています。この水素《すいそ》や酸素《さんそ》、炭素《たんそ》が、この本《ほん》のタイトルにもなっている「元素《げんそ》」です。

ハカセMEMO《メモ》！

原子《げんし》の大《おお》きさ

右《みぎ》の画像《がぞう》は、走査型《そうさがた》トンネル顕微鏡《けんびきょう》でとらえた「ケイ素《そ》」という種類《しゅるい》の原子《げんし》じゃ。原子《げんし》は種類《しゅるい》によって大《おお》きさがことなるが、平均的《へいきんてき》なサイズは0.1ナノメートル（1000万分《まんぶん》の1ミリメートル）ほどじゃ！

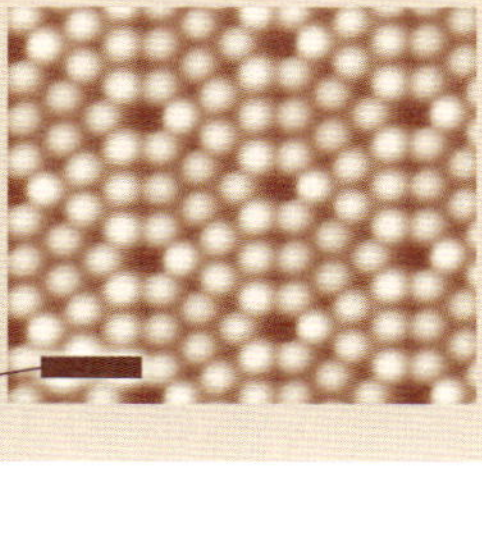

1ナノメートル

「元素《げんそ》」と「原子《げんし》」

原子《げんし》…ものをつくる、目《め》に見《み》えない
とても小《ちい》さなつぶ
元素《げんそ》…原子《げんし》の種類《しゅるい》

★水《みず》の場合《ばあい》

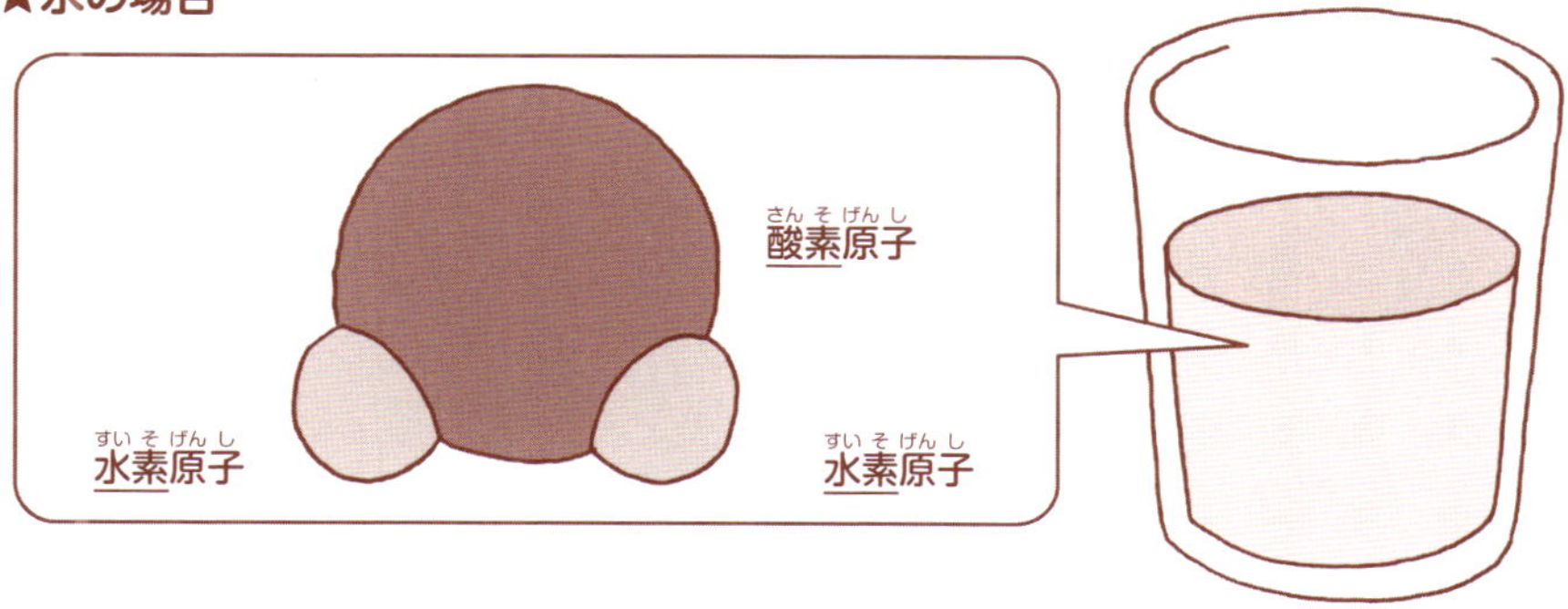

★ダイヤモンドの場合《ばあい》

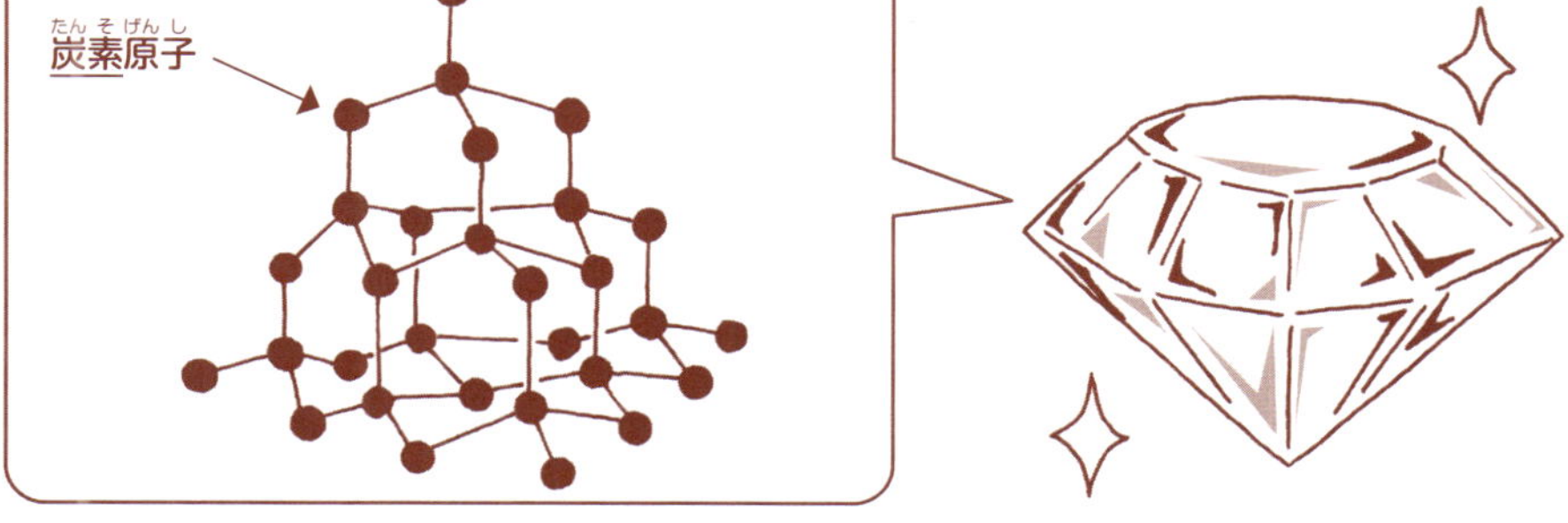

なるほど理系脳《りけいのう》クイズ！
炭素原子《たんそげんし》の直径《ちょっけい》は？　①12ナノメートル　②4ナノメートル　③0.154ナノメートル

2 なんと…元素《げんそ》は118種類《しゅるい》ある！

現在《げんざい》、元素《げんそ》は全部《ぜんぶ》で118種類《しゅるい》発見《はっけん》されています。このうち、92種類《しゅるい》は自然界《しぜんかい》にある元素《げんそ》で、残《のこ》りの26種類《しゅるい》は人工的《じんこうてき》につくりだされたものです。

それぞれの元素《げんそ》の、ふだんの※“姿《すがた》”もさまざまです。気体《きたい》（ガスや蒸気《じょうき》）になっているものもあれば、液体《えきたい》、固体《こたい》になっているものもあります。

また、元素《げんそ》には「酸素《さんそ》」や「炭素《たんそ》」「アルミニウム」などといった名前《なまえ》がつけられていますが、元素《げんそ》の名前《なまえ》は、1文字《もじ》もしくは2文字《もじ》のアルファベットであらわされる場合《ばあい》もあります。たとえば酸素《さんそ》は「O」、炭素《たんそ》は「C」、アルミニウムであれば「Al」といった具合《ぐあい》です。これを「元素記号《げんそきごう》」といいます。元素記号《げんそきごう》は、世界共通《せかいきょうつう》です。

そして、118種類《しゅるい》すべての元素《げんそ》をまとめた表《ひょう》が、2〜3ページの「周期表《しゅうきひょう》」です。

※常温《じょうおん》（20℃《ど》）・1気圧《きあつ》。

ハカセMEMO《メモ》！

元素《げんそ》の“姿《すがた》”

元素《げんそ》は、それ自体《じたい》でもさまざまな姿《すがた》を取《と》ることがあるゾ。たとえば、風船《ふうせん》に入《はい》っている「ヘリウム」(He)は、「気体《きたい》」じゃ。昔《むかし》、体温計《たいおんけい》に使《つか》われていた「水銀《すいぎん》」(Hg) という金属《きんぞく》は、「液体《えきたい》」じゃ。また、「炭素《たんそ》」(C)はダイヤモンド、「アルミニウム」(Al)は1円玉《えんだま》といったように「固体《こたい》」じゃ。

元素《げんそ》をあらわす「元素記号《げんそきごう》」

元素《げんそ》の名前《なまえ》は、世界共通《せかいきょうつう》の「元素記号《げんそきごう》」であらわされる！

酸素《さんそ》の元素記号《げんそきごう》は「O」…

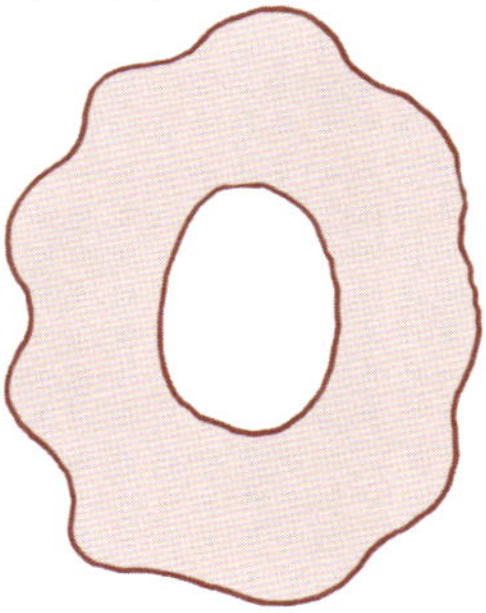

水素《すいそ》の元素記号《げんそきごう》は「H」…

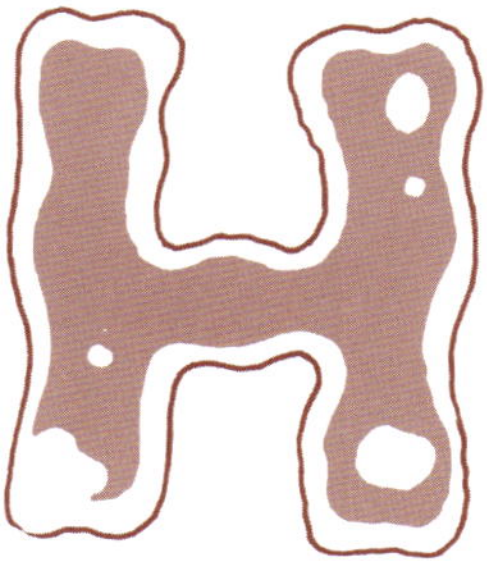

水素原子《すいそげんし》２個《こ》と、酸素原子《さんそげんし》１個《こ》からなる「水《みず》」であれば、「H_2O」とあらわせる。

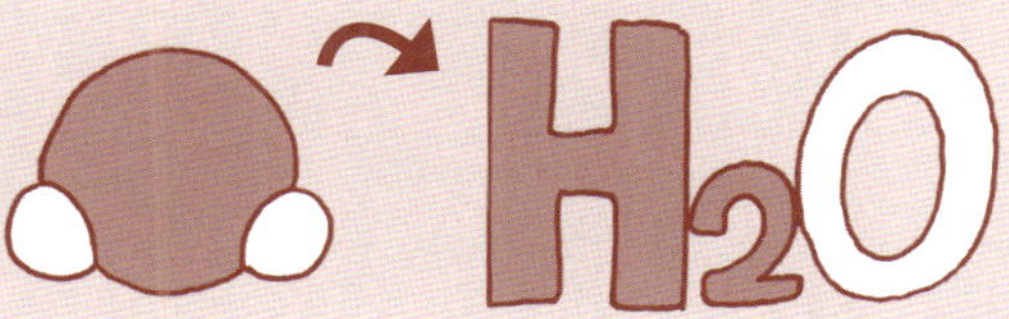

なるほど理系脳《りけいのう》クイズ！

「二酸化炭素《にさんかたんそ》」を化学式《かがくしき》であらわすと？　①CO_2　②C_2O　③CO

3 気《き》づかなかった！ 身《み》のまわりにある元素《げんそ》①

これまでに登場《とうじょう》した「水《みず》」や「ダイヤモンド」の例《れい》からもわかるように、元素《げんそ》は身近《みぢか》な存在《そんざい》です。

たとえば、みなさんがよく使《つか》う鉛筆《えんぴつ》やシャープペンシルのしんは、ダイヤモンドと同《おな》じ「炭素《たんそ》」（C）でできています。

また、キッチンにあるガラスのコップや皿《さら》は、「ケイ素《そ》」（Si）と「酸素《さんそ》」（O）でできています。フライパンは主《おも》に「鉄《てつ》」（Fe）でできていますし、なべやシンクに使《つか》われる「ステンレス」という金属《きんぞく》は、鉄《てつ》に「ニッケル」（Ni）や「クロム」（Cr）という元素《げんそ》をまぜて、つくられます。

そして、部屋《へや》を明《あか》るく照《て》らす蛍《けい》光灯《こうとう》には「水銀《すいぎん》」（Hg）や「アルゴン」（Ar）が使《つか》われていますし※、テレビやスマートフォンの画面《がめん》、照《しょう》明器具《めいきぐ》として活《かつ》やくするLED《エルイーディ》には、「窒素《ちっそ》」（N）や「ガリウム」（Ga）、「インジウム」（In）などの元素《げんそ》が使《つか》われています。

※蛍光灯《けいこうとう》に使《つか》われている水銀《すいぎん》は毒性《どくせい》があるので、蛍光灯《けいこうとう》はまもなく製造《せいぞう》（輸出入《ゆしゅつにゅう》）されなくなる。

ハカセMEMO《メモ》！

ゴムじゃない消《け》しゴム

消《け》しゴムは、その名前《なまえ》から「天然《てんねん》ゴム」を使《つか》ってつくられていると思《おも》うのォ。しかし、最近《さいきん》はゴムはあまり使《つか》われておらず、「ポリ塩化《えんか》ビニル」と、それを固《かた》める物質《ぶっしつ》でつくられているのじゃ。ちなみに、このような消《け》しゴムは、正式《せいしき》には「プラスチック消《け》しゴム」や「プラスチック字消《じけ》し」といい、日本《にっぽん》で考《かんが》えだされたものじゃ。

スマホに使《つか》われている元素《げんそ》

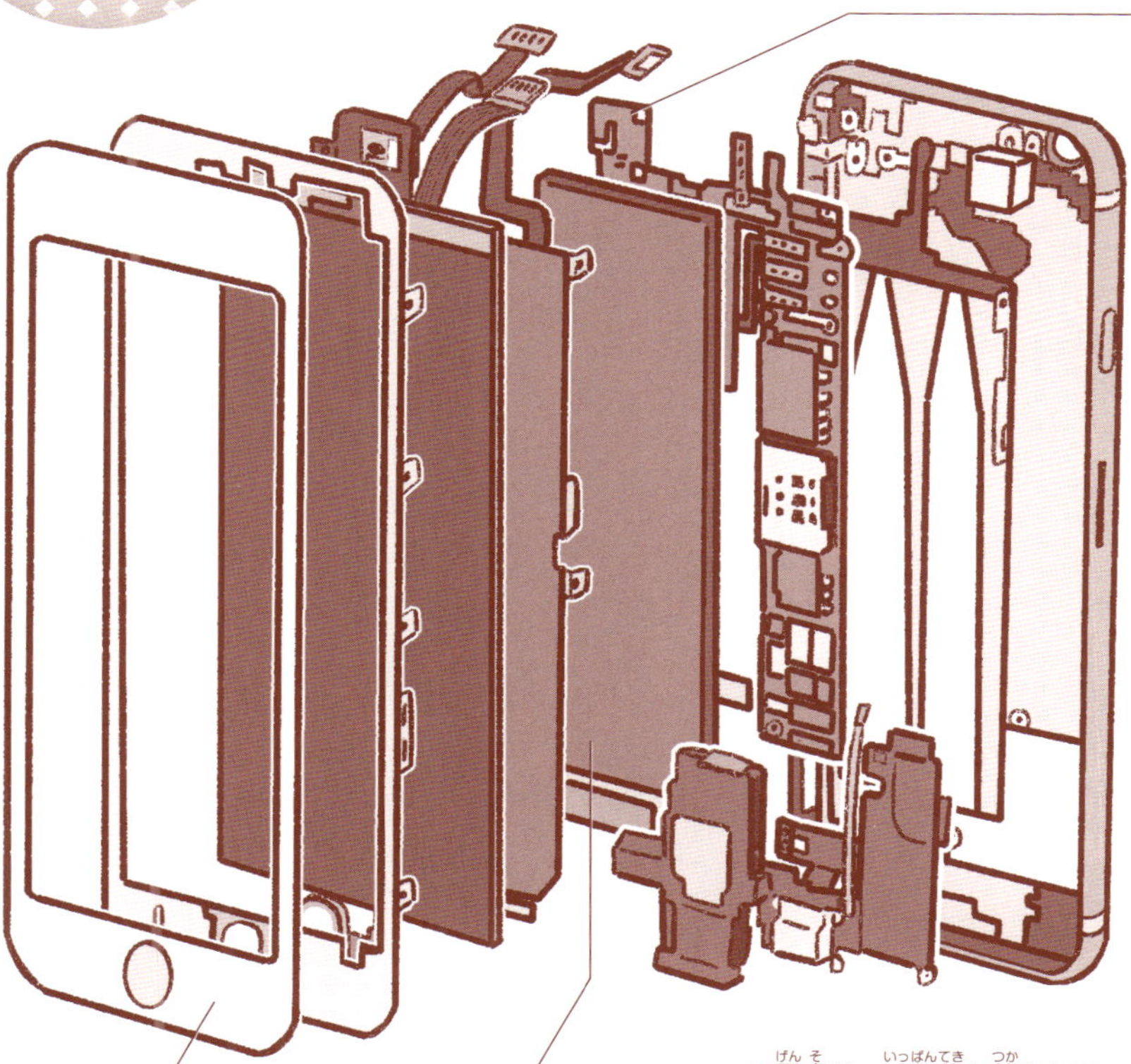

ロジックボード
(電子部品《でんしぶひん》が集《あつ》まっているところ)

銅《どう》(Cu)

ケイ素《そ》(Si)

ヒ素《そ》(As)

金《きん》(Au)

酸素《さんそ》(O)

スズ(Sn)

銀《ぎん》(Ag)

鉛《なまり》(Pb)

ガリウム(Ga)

※元素《げんそ》は、一般的《いっぱんてき》に使《つか》われているものをあげた。分解図《ぶんかいず》はiPhone《アイフォン》を参考《さんこう》にした。

ディスプレイ

窒素《ちっそ》(N)

ガリウム(Ga)

インジウム(In)

バッテリー

リチウム(Li)

コバルト(Co)

磁石《じしゃく》

鉄《てつ》(Fe)

ホウ素《そ》(B)

ネオジム(Nd)

ジスプロシウム(Dy)

なるほど理系脳《りけいのう》クイズ!

飲料《いんりょう》のかんなどに使《つか》われる「スチール」は、鉄《てつ》に何《なに》をまぜてつくられる? ①塩素《えんそ》 ②炭素《たんそ》 ③銀《ぎん》

4 そうだったのか！ 身《み》のまわりにある元素《げんそ》②

ある金属元素《きんぞくげんそ》に、1種類以上《しゅるいいじょう》の金属元素《きんぞくげんそ》または非金属元素《ひきんぞくげんそ》をまぜた物質《ぶっしつ》を「合金《ごうきん》」といいます。

合金《ごうきん》は、身近《みぢか》なところでは「硬《こう》貨《か》」に使《つか》われています。5円玉《えんだま》は、「銅《どう》」と「亜鉛《あえん》」の合金《ごうきん》です。10円《えん》玉《だま》は「銅《どう》」「亜鉛《あえん》」「スズ」の合金《ごうきん》ですし、50円玉《えんだま》と100円玉《えんだま》は「銅《どう》」と「ニッケル」の合金《ごうきん》、500円玉《えんだま》は「銅《どう》」「亜鉛《あえん》」「ニッケル」の合金《ごうきん》でつくられています。

また、銅《どう》と亜鉛《あえん》の合金《ごうきん》を「真《しん》ちゅう」（黄銅《おうどう》）といいますが、真《しん》ちゅうは「トランペット」など、金《きん》管楽器《かんがっき》の素材《そざい》になっています。

なぜ、合金《ごうきん》が使《つか》われるのでしょうか。複数《ふくすう》の金属元素《きんぞくげんそ》をまぜると「加工《かこう》がしやすい」「がんじょうになる」「さびにくい」など、ひとつの元素《げんそ》だけでは得《え》られない特徴《とくちょう》をもった金属《きんぞく》に“変身《へんしん》”するためです。なお、合金《ごうきん》の特徴《とくちょう》は、組《く》み合《あ》わせる元素《げんそ》の種類《しゅるい》や量《りょう》によってかわります。

ハカセMEMO《メモ》！

金属元素《きんぞくげんそ》・非金属元素《ひきんぞくげんそ》

元素《げんそ》は、“金属《きんぞく》としての性質《せいしつ》をもつもの”と、“そうでないもの”に分《わ》けることができるのじゃ。前者《ぜんしゃ》を「金属元素《きんぞくげんそ》」、後者《こうしゃ》を「非金属元素《ひきんぞくげんそ》」というゾ。たとえば、これまでに登場《とうじょう》した鉄《てつ》や銅《どう》、亜鉛《あえん》などは金属元素《きんぞくげんそ》、水素《すいそ》や酸素《さんそ》、炭素《たんそ》などは非金属元素《ひきんぞくげんそ》なのじゃ。

クイズの答《こた》え：P21➡②

活《かつ》やくする「合金《ごうきん》」

★金管楽器《きんかんがっき》
（トランペット）

銅《どう》とニッケルの合金《ごうきん》
（白銅《はくどう》）でできている！

Cu 銅《どう》　Ni ニッケル

★硬貨《こうか》に使《つか》われる
合金《ごうきん》の例《れい》（↓）

1円玉《えんだま》は合金《ごうきん》ではなく
アルミニウムだけで
できているよ！

20ページに登場《とうじょう》した「ステンレス」や、飲料《いんりょう》のかんなどに使《つか》われる「スチール」（鉄《てつ》と炭《たん》素《そ》）も合金《ごうきん》だよ！

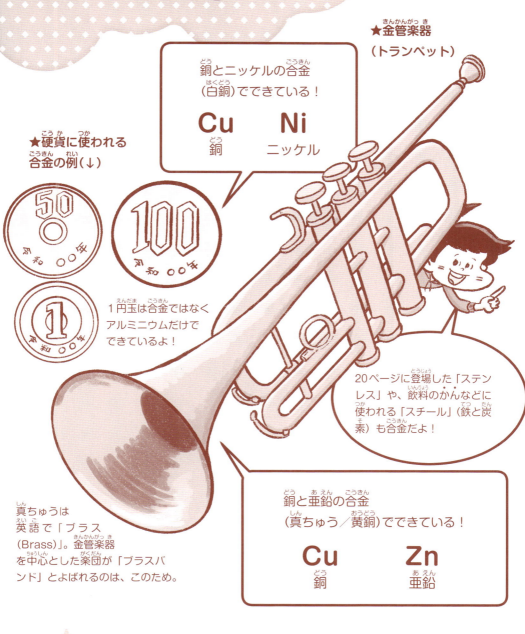

銅《どう》と亜鉛《あえん》の合金《ごうきん》
（真《しん》ちゅう／黄銅《おうどう》）でできている！

Cu 銅《どう》　Zn 亜鉛《あえん》

真《しん》ちゅうは
英語《えいご》で「ブラス
（Brass）」。金管楽器《きんかんがっき》
を中心《ちゅうしん》とした楽団《がくだん》が「ブラスバンド」とよばれるのは、このため。

なるほど理系脳《りけいのう》クイズ！
銅《どう》とスズの合金《ごうきん》は、何《なん》とよばれる？　①青銅《せいどう》　②赤銅《しゃくどう》　③白銅《はくどう》

5

実《じつ》はすごい！ 元素《げんそ》とテクノロジー

生活《せいかつ》や社会《しゃかい》を支《ささ》えるさまざまなテクノロジーは、元素《げんそ》の研究《けんきゅう》なくしては成《な》り立《た》ちません。

たとえば、私《わたし》たちが使《つか》う電気《でんき》は発電所《はつでんしょ》でつくられますが、原子力《げんしりょく》発電所《はつでんしょ》では「ウラン」（U）を燃料《ねんりょう》にした発電《はつでん》が行《おこな》われています。

また、電気自動車《でんきじどうしゃ》の電池《でんち》には「リチウム」（Li）や「コバルト」（Co）などが、モーターには「ネオジム」（Nd）や「ジスプロシウム」（Dy）などが使《つか》われています。

次世代《じせだい》のコンピュータとして期待《きたい》される「量子《りょうし》コンピュータ」には、心臓部《しんぞうぶ》（量子《りょうし》ビット）を極低温《きょくていおん》に冷《ひ》やすために、液体《えきたい》の「ヘリウム」（He）が欠《か》かせません※。

さらに、NASA《ナサ》（アメリカ航空宇宙局《こうくううちゅうきょく》）が開発《かいはつ》を進《すす》めている次世代大型《じせだいおおがた》ロケット「スペース・ローンチ・システム（SLS）」のエンジンには、液体《えきたい》の水素《すいそ》と酸素《さんそ》、アルミニウムの粉末《ふんまつ》が、燃料《ねんりょう》として使《つか》われています。

※超伝導回路方式《ちょうでんどうかいろほうしき》の場合《ばあい》。

ハカセMEMO《メモ》！

量子《りょうし》コンピュータ

現在使《げんざいつか》われているコンピュータは、すべての情報《じょうほう》を「0」と「1」を組《く》み合《あ》わせて表現《ひょうげん》するゾ。一度《いちど》にあつかえるのは、ひとつの情報《じょうほう》だけじゃ。一方《いっぽう》、量子《りょうし》コンピュータは「0でもあり1でもある」という状態《じょうたい》を使《つか》って、複数《ふくすう》の情報《じょうほう》を、同時《どうじ》にあつかうことができるのじゃ。

元素《げんそ》は未来《みらい》をつくる！

リニアモーターカーは、液体《えきたい》ヘリウムで「超電導《ちょうでんどう》磁石《じしゃく》」を極低温《きょくていおん》に冷《ひ》やすことで（超電導状態《ちょうでんどうじょうたい》をつくりだして）浮上走行《ふじょうそうこう》する！

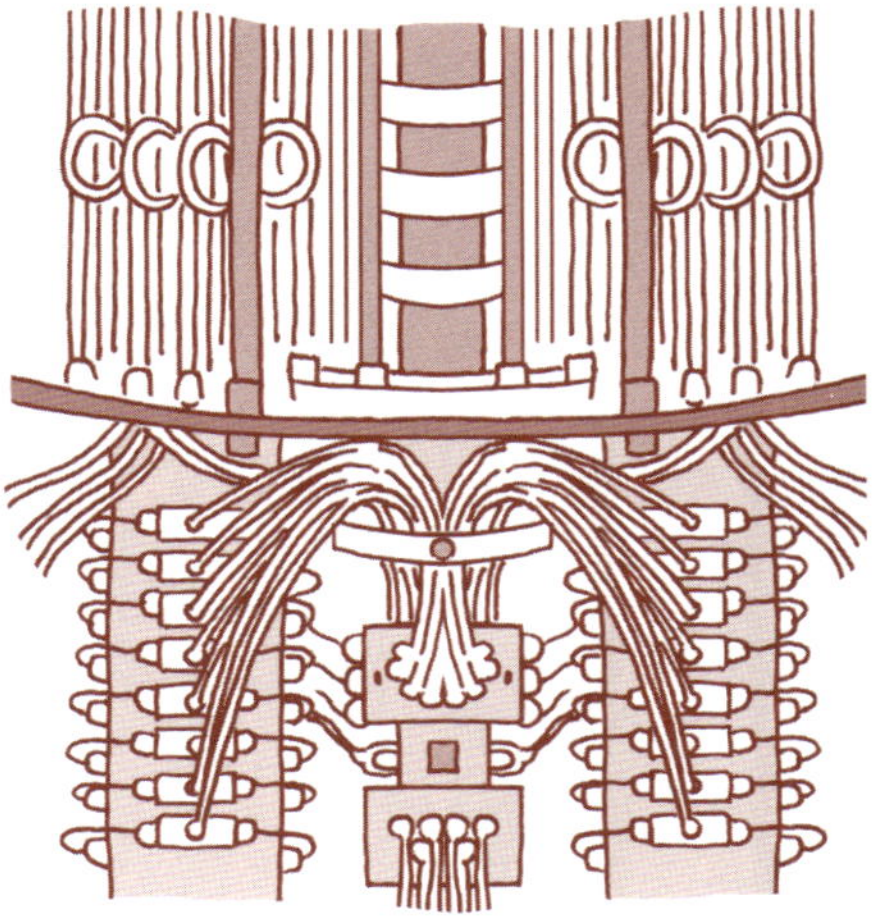

IBM社《アイビーエムしゃ》の量子《りょうし》コンピュータ「IBM Quantum《クオンタム》」のパーツ（希釈冷凍機《きしゃくれいとうき》）。ヘリウムから極低温《きょくていおん》を生《う》みだす。

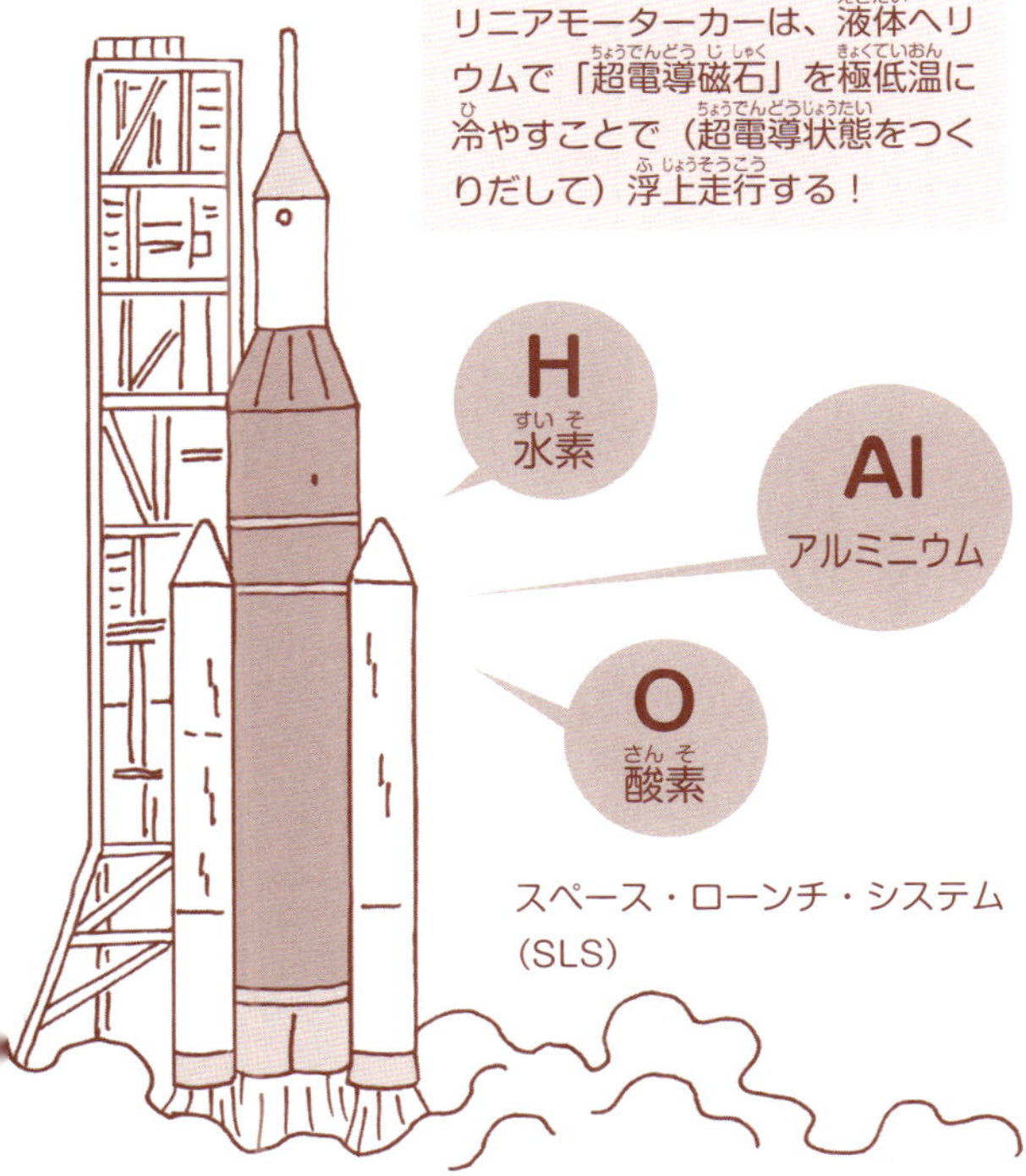

スペース・ローンチ・システム（SLS）

なるほど理系脳《りけいのう》クイズ！

世界初《せかいはつ》の商用量子《しょうようりょうし》コンピュータを発売《はつばい》したのは、どこの国《くに》の企業《きぎょう》？　①日本《にっぽん》　②カナダ　③イタリア

元素《げんそ》をまとめた「周期表《しゅうきひょう》」
はぁー
あいかわらずものが多《おお》いなぁ…
何《なに》をしているのじゃ?
あ!ハカセ
年末《ねんまつ》に電器屋《でんきや》さんでもらったカレンダーを探《さが》そうと思《おも》って…
これもちがうー
ポイ
ポイ
散《ち》らかさないで…

元素《げんそ》をまとめた「周期表《しゅうきひょう》」

	1	2	3	4	5	6	7	8	9	10	11	12	13	14	15	16	17	18
1	H																	He
2	Li	Be											B	C	N	O	F	Ne
3	Na	Mg											Al	Si	P	S	Cl	Ar
4	K	Ca	Sc	Ti	V	Cr	Mn	Fe	Co	Ni	Cu	Zn	Ga	Ge	As	Se	Br	Kr
5	Rb	Sr	Y	Zr	Nb	Mo	Tc	Ru	Rh	Pd	Ag	Cd	In	Sn	Sb	Te	I	Xe
6	Cs	Ba	ランタノイド	Hf	Ta	W	Re	Os	Ir	Pt	Au	Hg	Tl	Pb	Bi	Po	At	Rn
7	Fr	Ra	アクチノイド	Rf	Db	Sg	Bh	Hs	Mt	Ds	Rg	Cn	Nh	Fl	Mc	Lv	Ts	Og
			La	Ce	Pr	Nd	Pm	Sm	Eu	Gd	Tb	Dy	Ho	Er	Tm	Yb	Lu	
			Ac	Th	Pa	U	Np	Pu	Am	Cm	Bk	Cf	Es	Fm	Md	No	Lr	

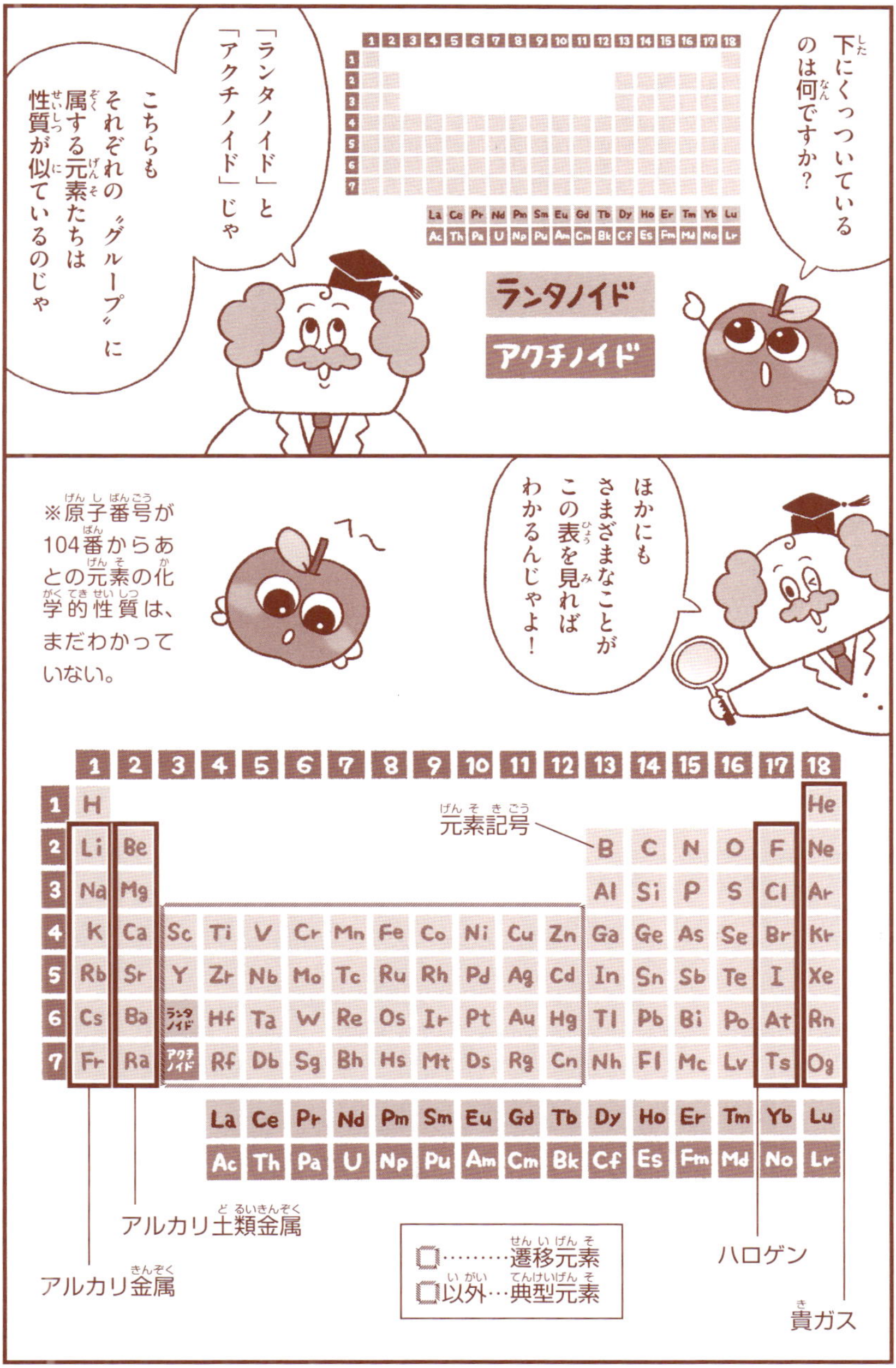
下《した》にくっついているのは何《なん》ですか？
「ランタノイド」と「アクチノイド」じゃ
こちらもそれぞれの〝グループ〟に属《ぞく》する元素《げんそ》たちは性質《せいしつ》が似《に》ているのじゃ
ランタノイド
アクチノイド
ほかにもさまざまなことがこの表《ひょう》を見《み》ればわかるんじゃよ！
※原子番号《げんしばんごう》が104番《ばん》からあとの元素《げんそ》の化《か》学的性質《がくてきせいしつ》は、まだわかっていない。
1 2 3 4 5 6 7 8 9 10 11 12 13 14 15 16 17 18
1 H He
2 Li Be B C N O F Ne
3 Na Mg Al Si P S Cl Ar
4 K Ca Sc Ti V Cr Mn Fe Co Ni Cu Zn Ga Ge As Se Br Kr
5 Rb Sr Y Zr Nb Mo Tc Ru Rh Pd Ag Cd In Sn Sb Te I Xe
6 Cs Ba ランタノイド Hf Ta W Re Os Ir Pt Au Hg Tl Pb Bi Po At Rn
7 Fr Ra アクチノイド Rf Db Sg Bh Hs Mt Ds Rg Cn Nh Fl Mc Lv Ts Og
La Ce Pr Nd Pm Sm Eu Gd Tb Dy Ho Er Tm Yb Lu
Ac Th Pa U Np Pu Am Cm Bk Cf Es Fm Md No Lr
元素記号《げんそきごう》
アルカリ土類金属《どるいきんぞく》
アルカリ金属《きんぞく》
ハロゲン
貴《き》ガス
………遷移元素《せんいげんそ》
以外《いがい》…典型元素《てんけいげんそ》

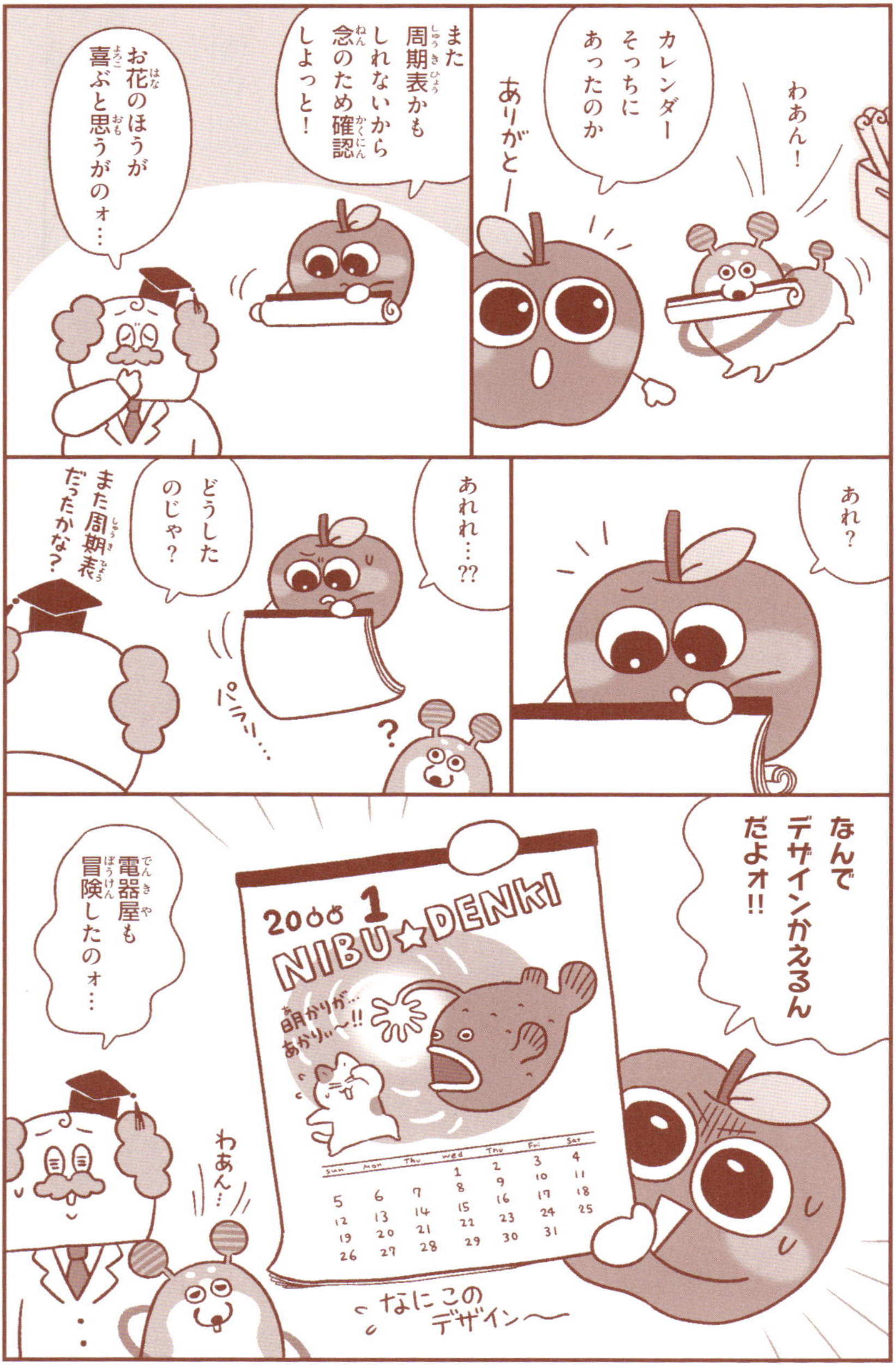

わあん！
カレンダー そっちに あったのか
ありがとー
また周期表《しゅうきひょう》かもしれないから念《ねん》のため確認《かくにん》しよっと！
お花《はな》のほうが喜《よろこ》ぶと思《おも》うがのォ…
あれ？
あれれ…??
どうしたのじゃ？
また周期表《しゅうきひょう》だったかな？
パラリ…
?
なんでデザインかえるんだよォ!!
電器屋《でんきや》も冒険《ぼうけん》したのォ…
2000 1
NIBU☆DENKI
明《あ》かりが… あかりぃ〜!!
わあん…
なにこのデザイン〜

2
章《しょう》

118元素《げんそ》を見《み》てみよう①

60秒《びょう》でわかる 118元素《げんそ》を見《み》てみよう①

2章《しょう》では、118種類《しゅるい》の元《げん》素《そ》のうち「第《だい》1周期《しゅうき》」「第《だい》2周期《しゅうき》」「第《だい》3周期《しゅうき》」の元《げん》素《そ》を紹介《しょうかい》するよ！

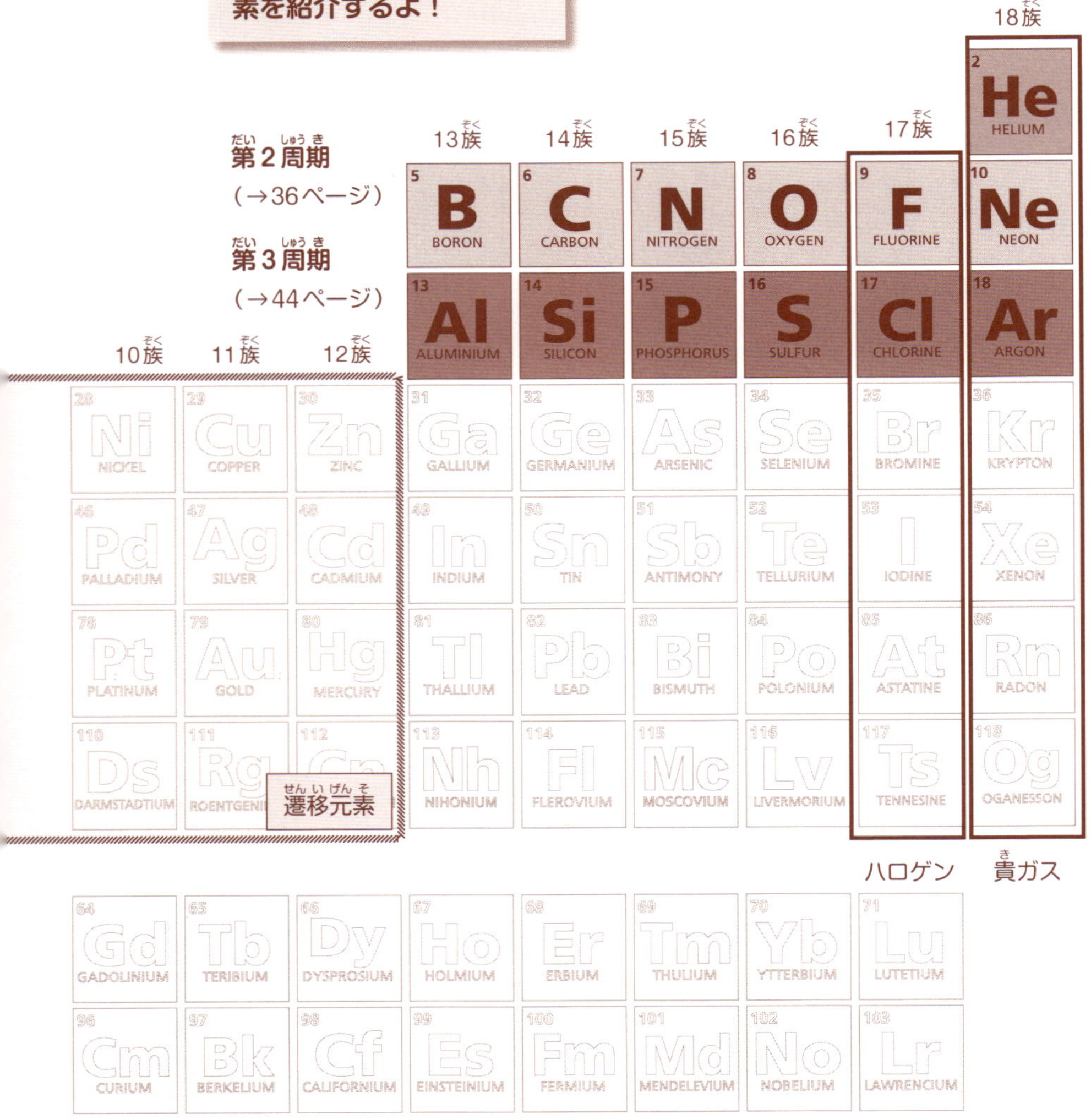

※原子番号《げんしばんごう》が104番《ばん》からあとの元素《げんそ》の化学的性質《かがくてきせいしつ》は、まだわかっていない。

第《だい》1周《しゅう》期《き》

（→34ページ）

	1族《ぞく》	2族《ぞく》	3族《ぞく》	4族《ぞく》	5族《ぞく》	6族《ぞく》	7族《ぞく》	8族《ぞく》	9族《ぞく》
	1 H HYDROGEN								
	3 Li LITHIUM	4 Be BERYLLIUM							
	11 Na SODIUM	12 Mg MAGNESIUM							
	19 K POTASSIUM	20 Ca CALCIUM	21 Sc SCANDIUM	22 Ti TITANIUM	23 V VANADIUM	24 Cr CHROMIUM	25 Mn MANGANESE	26 Fe IRON	27 Co COBALT
	37 Rb RUBIDIUM	38 Sr STRONTIUM	39 Y YTTRIUM	40 Zr ZICRONIUM	41 Nb NIOBIUM	42 Mo MOLYBDENUM	43 Tc TECHNETIUM	44 Ru RUTHENIUM	45 Rh RHODIUM
	55 Cs CAESIUM	56 Ba BARIUM	57-71*	72 Hf HAFNIUM	73 Ta TANTALUM	74 W TUNGSTEN	75 Re RHENIUM	76 Os OSMIUM	77 Ir IRIDIUM
	87 Fr FRANCIUM	88 Ra RADIUM	89-103**	104 Rf RUTHERFORDIUM	105 Db DUBNIUM	106 Sg SEABORGIUM	107 Bh BOHRIUM	108 Hs HASSIUM	109 Mt MEITNERIUM

アルカリ金属《きんぞく》

アルカリ土《ど》類《るい》金属《きんぞく》

* ランタノイド	57 La LANTHANUM	58 Ce CERIUM	59 Pr PRASEODYMIUM	60 Nd NEODYMIUM	61 Pm PROMETHIUM	62 Sm SAMARIUM	63 Eu EUROPIUM
** アクチノイド	89 Ac ACTINIUM	90 Th THORIUM	91 Pa PROTACTINIUM	92 U URANIUM	93 Np NEPTUNIUM	94 Pu PLUTONIUM	95 Am AMERICIUM

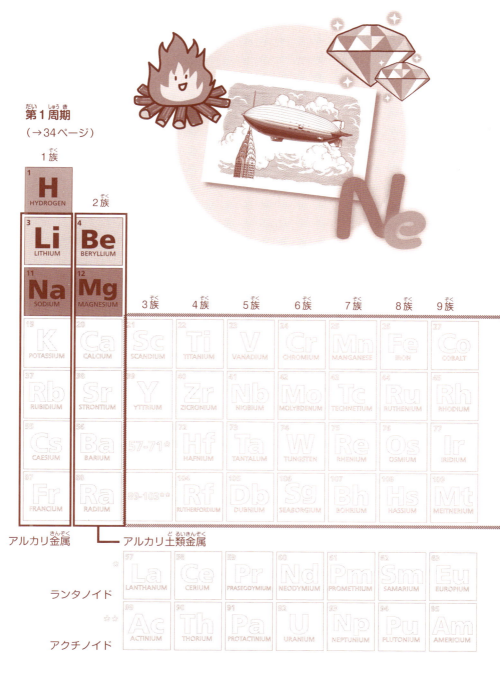

第《だい》1周期《しゅうき》

1・水素《すいそ》【H】
2・ヘリウム【He】

周期表《しゅうきひょう》の1番目《ばんめ》に登場《とうじょう》するのが「水素《すいそ》」です。水素《すいそ》は、水《みず》をつくる身近《みぢか》な元素《げんそ》である一方《いっぽう》で、すごい場所《ばしょ》で活《かつ》やくしています。それはロケットです。人工衛星《じんこうえいせい》を宇宙《うちゅう》に運《はこ》ぶ、JAXA《ジャクサ》（宇宙航空研究開発機構《うちゅうこうくうけんきゅうかいはつきこう》）の「H2A《エイチツーエー》ロケット」は、液体水素《えきたいすいそ》と、液体酸素《えきたいさんそ》を燃料《ねんりょう》に飛《と》びます。

水素《すいそ》は、地球上《ちきゅうじょう》で最《もっと》も軽《かる》い元素《げんそ》です。0℃《ど》（1気圧《きあつ》）では、1立《りっ》方《ぽう》メートルの空気《くうき》の重《おも》さ（質量《しつりょう》）が1293グラムであるのに対《たい》し、水素《すいそ》のそれは89.9グラムしかありません。また、水素《すいそ》には、火《ひ》を近《ちか》づけると爆発的《ばくはつてき》に燃《も》えるという性質《せいしつ》があります。

水素《すいそ》の次《つぎ》に軽《かる》い元素《げんそ》として知《し》られているのが、周期表《しゅうきひょう》の2番目《ばんめ》に登場《とうじょう》する「ヘリウム」です※。ヘリウムは火《ひ》を近《ちか》づけても燃《も》えることがなく、安全《あんぜん》なので、気球《ききゅう》や飛《ひ》行船《こうせん》、風船《ふうせん》などをうき上《あ》がらせるために使《つか》われます。

※1立方《りっぽう》メートルの重《おも》さは178.5グラム。

ハカセMEMO《メモ》！

飛行船《ひこうせん》

右《みぎ》のイラストは、「飛行船《ひこうせん》」という乗《の》り物《もの》じゃ。中《なか》には空気《くうき》より軽《かる》い気体《きたい》がつまっているが、ドイツの「ヒンデンブルグ号《ごう》」という飛行船《ひこうせん》には水素《すいそ》が使《つか》われたため、1937年《ねん》に爆発事《ばくはつじ》故《こ》をおこしてしまったのじゃ。

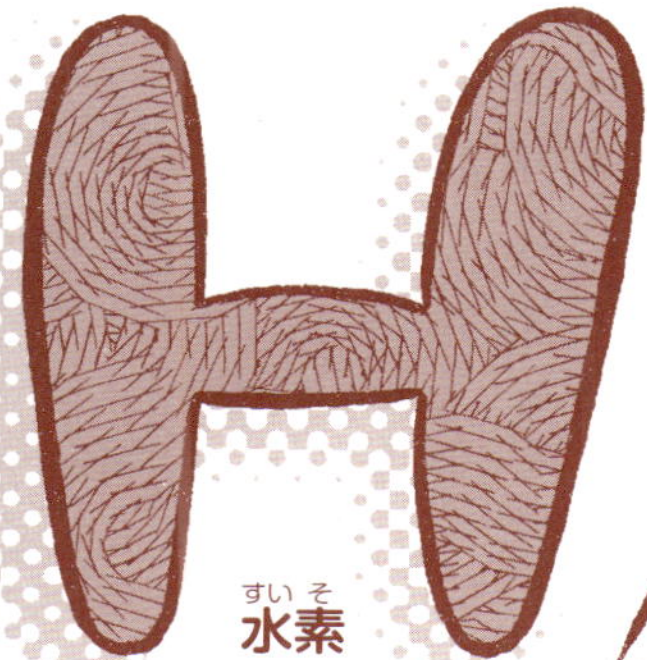

水素《すいそ》

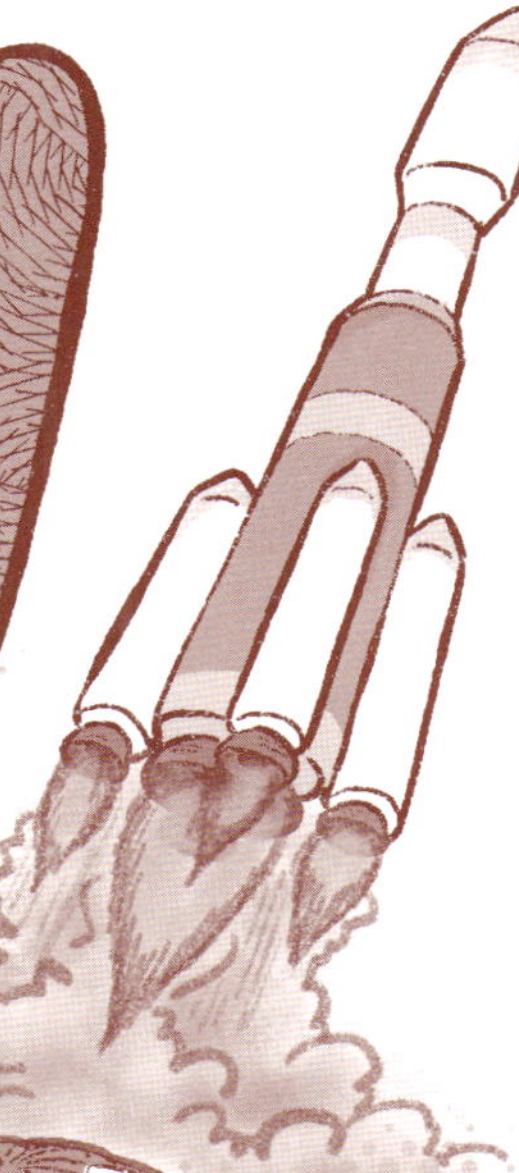

H 2A《エイチツーエー》ロケットの燃料《ねんりょう》

水素《すいそ》と酸素《さんそ》から電気《でんき》をつくり、モーターを回《まわ》して走《はし》る「燃料電池《ねんりょうでんち》バス」

水《みず》（H_2O）は水素《すいそ》と酸素《さんそ》でできている。

ヘリウムは火《ひ》を近《ちか》づけても燃《も》えないので、気《き》球《きゅう》や風船《ふうせん》などに使《つか》われる。

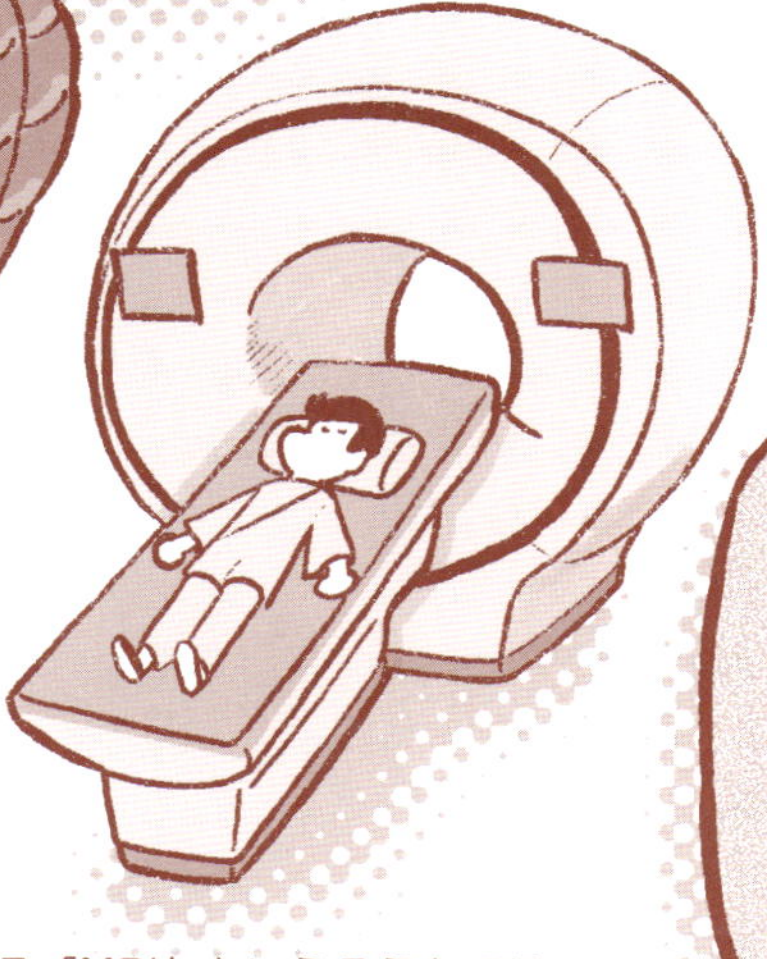

病院《びょういん》にある「MRI」というそうちでは、重要《じゅうよう》な部品《ぶひん》（超電導《ちょうでんどう》コイル）を冷《ひ》やすために液体《えきたい》ヘリウムが使《つか》われている。

ヘリウム

なるほど理系脳《りけいのう》クイズ！

燃料電池自動車《ねんりょうでんちじどうしゃ》は、排気《はいき》ガスのかわりに何《なに》を排出《はいしゅつ》する？　①塩《しお》　②水《みず》　③メタン

3・リチウム【Li】 4・ベリリウム【Be】

「リチウム」は鉱石《こうせき》や鉱泉《こうせん》※にふくまれる元素《げんそ》で、その名前《なまえ》は「石《いし》」という意味《いみ》のギリシャ語《ご》「lithos(リトス)」をもとにしています。

リチウムは、すべての金属《きんぞく》のなかで最《もっと》も軽《かる》い元素《げんそ》です。リチウムを使《つか》ってつくられた「リチウムイオン電池《でんち》」は軽《かる》く、短《みじか》い時間《じかん》で多《おお》くの電気《でんき》をためたり放出《ほうしゅつ》したりすることができるので、スマートフォンやノートパソコン、電気自動《でんきじどう》車《しゃ》などに使《つか》われています。

「ベリリウム」は、緑柱石《りょくちゅうせき》(ベリル)という鉱石《こうせき》から得《え》られる元素《げんそ》です。あまり聞《き》きなれませんが、NASA《ナサ》(アメリカ航空宇宙局《こうくううちゅうきょく》)が中心《ちゅうしん》となって開発《かいはつ》した「ジェイムズ・ウェッブ宇宙望遠鏡《うちゅうぼうえんきょう》」の主鏡《しゅきょう》は、ベリリウム製《せい》です。

軽《かる》く、じょうぶで、たいへん気《き》温《おん》の低《ひく》い(極低温《きょくていおん》の)宇宙《うちゅう》で変形《へんけい》しにくいという特徴《とくちょう》をもつことから、ベリリウムが選《えら》ばれました。

※鉱泉《こうせん》とは、鉱物《こうぶつ》をふくんだわき水《みず》のこと。

ハカセ MEMO《メモ》!

リチウムの宝庫《ほうこ》

右《みぎ》の写真《しゃしん》は、リチウムの産地《さんち》のひとつとして知《し》られるチリの「アタカマ塩湖《えんこ》」じゃ。アタカマ塩湖《えんこ》は、チリ、ボリビア、アルゼンチンの国境付近《こっきょうふきん》にあるゾ(98ページで、くわしく紹介《しょうかい》)。

↑リチウムは軽《かる》い！

(密度《みつど》は水《みず》の半分《はんぶん》ほど)

緑柱石《りょくちゅうせき》のなかでも、とうめいで美《うつく》しいものは、「エメラルド」や「アクアマリン」などの宝石《ほうせき》として加工《かこう》される。

ジェイムズ・ウェッブ宇宙望遠鏡《うちゅうぼうえんきょう》
(宇宙空間《うちゅうくうかん》にういている望遠鏡《ぼうえんきょう》)


なるほど理系脳《りけいのう》クイズ！

チリ、ボリビア、アルゼンチンがあるのは？　①南《みなみ》アメリカ大陸《たいりく》　②アフリカ大陸《たいりく》

第《だい》2周期《しゅうき》

5・ホウ素《そ》【B】
6・炭素《たんそ》【C】

「ホウ素《そ》」は、ガラスの原料《げんりょう》のひとつとして使《つか》われています。ホウ素《そ》（ホウ酸《さん》※）をまぜてつくられた「ホウケイ酸《さん》ガラス」は、熱《ねつ》を加《くわ》えても割《わ》れないため、コーヒーポットや、理科室《りかしつ》にあるフラスコ、ビーカーなどに加工《かこう》されます。

また、ホウ素《そ》は、ゴキブリをくじょするためのエサ（ホウ酸団子《さんだんご》）にも使《つか》われています。

「炭素《たんそ》」は、実《じつ》にさまざまなものにふくまれています。たとえば、鉛筆《えんぴつ》のしんは炭素《たんそ》（黒鉛《こくえん》）とねんどをまぜたものですし、ダイヤモンドも炭素《たんそ》からできています。

私《わたし》たちが呼吸《こきゅう》ではきだす二酸化《にさんか》炭素《たんそ》（CO_2）にも、炭素《たんそ》がふくまれています。アイスクリームなどを冷《ひ》やす「ドライアイス」は、二酸《にさん》化炭素《かたんそ》を固体《こたい》にしたものですし、炭酸飲料《たんさんいんりょう》の泡《あわ》の正体《しょうたい》は、飲料《いんりょう》にとかしこんだ二酸化炭素《にさんかたんそ》です。

※ホウ素《そ》は、水素《すいそ》や酸素《さんそ》と結《むす》びついた「ホウ酸《さん》」（H_3BO_3）として、自然界《しぜんかい》に存在《そんざい》する。

ハカセMEMO《メモ》!

カーボンナノチューブ

炭素《たんそ》でできた「カーボンナノチューブ（CNT）」は、チューブのような構造《こうぞう》をもつ素材《そざい》じゃ。じょうぶで軽《かる》く、電気《でんき》（熱《ねつ》）をよく伝《つた》えることから、リチウムイオン電池《でんち》の性能《せいのう》をアップさせるためなどに使《つか》われているゾ。

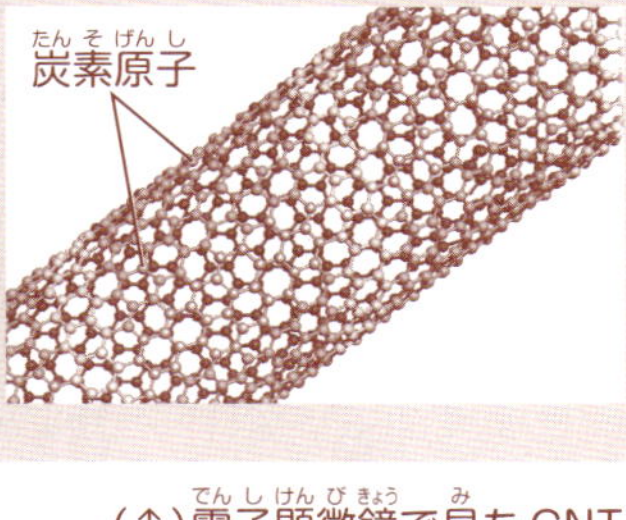

（↑）電子顕微鏡《でんしけんびきょう》で見《み》たCNT

クイズの答《こた》え：P37➡①

B
ホウ素《そ》

水《みず》にホウ酸《さん》をとかしてつくった水溶《すいよう》液《えき》に、洗《せん》たくのりをまぜると、スライムができる！

ホウ酸《さん》をまぜてつくられる耐熱《たいねつ》ガラス

C
炭《たん》素《そ》

ナイロン、ポリエチレンテレフタラートなど

ダイヤモンド

鉛筆《えんぴつ》のしん（黒鉛《こくえん》）

ドライアイスはステージの演出《えんしゅつ》にも使《つか》われる。

なるほど理系脳《りけいのう》クイズ！
二酸化炭素《にさんかたんそ》は空気《くうき》よりも…　①重《おも》い　②軽《かる》い

第《だい》2周期《しゅうき》

7・窒素《ちっそ》【N】

8・酸素《さんそ》【O】

科学実験動画《かがくじっけんどうが》やテレビ番組《ばんぐみ》を見《み》ていると、花《はな》やボールなどを瞬間《しゅんかん》的《てき》にこおらせる「液体窒素《えきたいちっそ》」が登《とう》場《じょう》することがあります。液体窒素《えきたいちっそ》とは、気体《きたい》の「窒素《ちっそ》」に高《たか》い圧力《あつりょく》をかけて、液体《えきたい》にしたものです。

液体窒素《えきたいちっそ》は、食品工場《しょくひんこうじょう》で食品《しょくひん》を冷凍《れいとう》するときに使《つか》われることがあります。これは、短時間《たんじかん》で冷凍《れいとう》すると、解凍《かいとう》したときに食感《しょっかん》が保《たも》たれたり、うまみがにげにくかったりするためです。

「酸素《さんそ》」は、最《もっと》も身近《みぢか》な元素《げんそ》のひとつです。私《わたし》たちがすう空気《くうき》や、飲《の》む水《みず》には、酸素《さんそ》がふくまれています。また、上空《じょうくう》にうかび、太陽《たいよう》光《こう》にふくまれる有害《ゆうがい》な紫外線《しがいせん》から私《わたし》たちを守《まも》ってくれる「オゾン層《そう》」も、酸素《さんそ》からなります。

そして、「ものが燃《も》える」「ものがさびる」などといった身近《みぢか》な現《げん》象《しょう》にも、酸素《さんそ》（酸素分子《さんそぶんし》※）がかかわっています。

※酸素《さんそ》は、空気中《くうきちゅう》に酸素分子《さんそぶんし》（O_2）の状態《じょうたい》で存在《そんざい》する。

ハカセ MEMO《メモ》!

酸素《さんそ》（酸素分子《さんそぶんし》）の誕生《たんじょう》

地球《ちきゅう》が46億年前《おくねんまえ》に誕生《たんじょう》してからしばらくは、大気《たいき》（空気《くうき》）の多《おお》くは、二酸《にさん》化炭素《かたんそ》（CO_2）と窒素《ちっそ》（N_2）だったのじゃ。しかし「シアノバクテリア」という生《い》きものが出現《しゅつげん》して、酸素《さんそ》（O_2）をつくりはじめると、地球《ちきゅう》の大気《たいき》にふくまれる酸素《さんそ》の割合《わりあい》は、きゅうげきに高《たか》まったと考《かんが》えられているゾ。

クイズの答《こた》え：P39➡①

N
窒素《ちっそ》

現在《げんざい》の地球《ちきゅう》の大気《たいき》に
ふくまれる元素《げんそ》（↓）

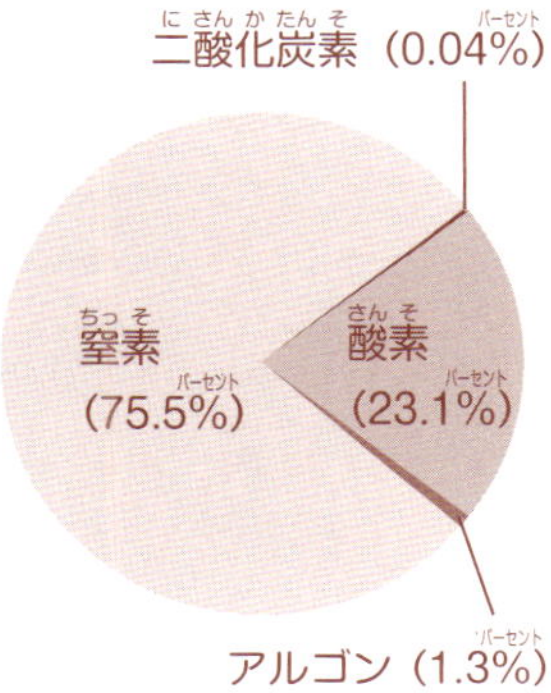

ものを一瞬《いっしゅん》でこおらせる
液体窒素《えきたいちっそ》（－196℃《ど》）

・ものが燃《も》える現象《げんしょう》は「酸化《さんか》」
・ものがさびるのも「酸化《さんか》」
※酸化《さんか》とは、物質《ぶっしつ》が酸素《さんそ》（O_2）と結《むす》びつくこと！

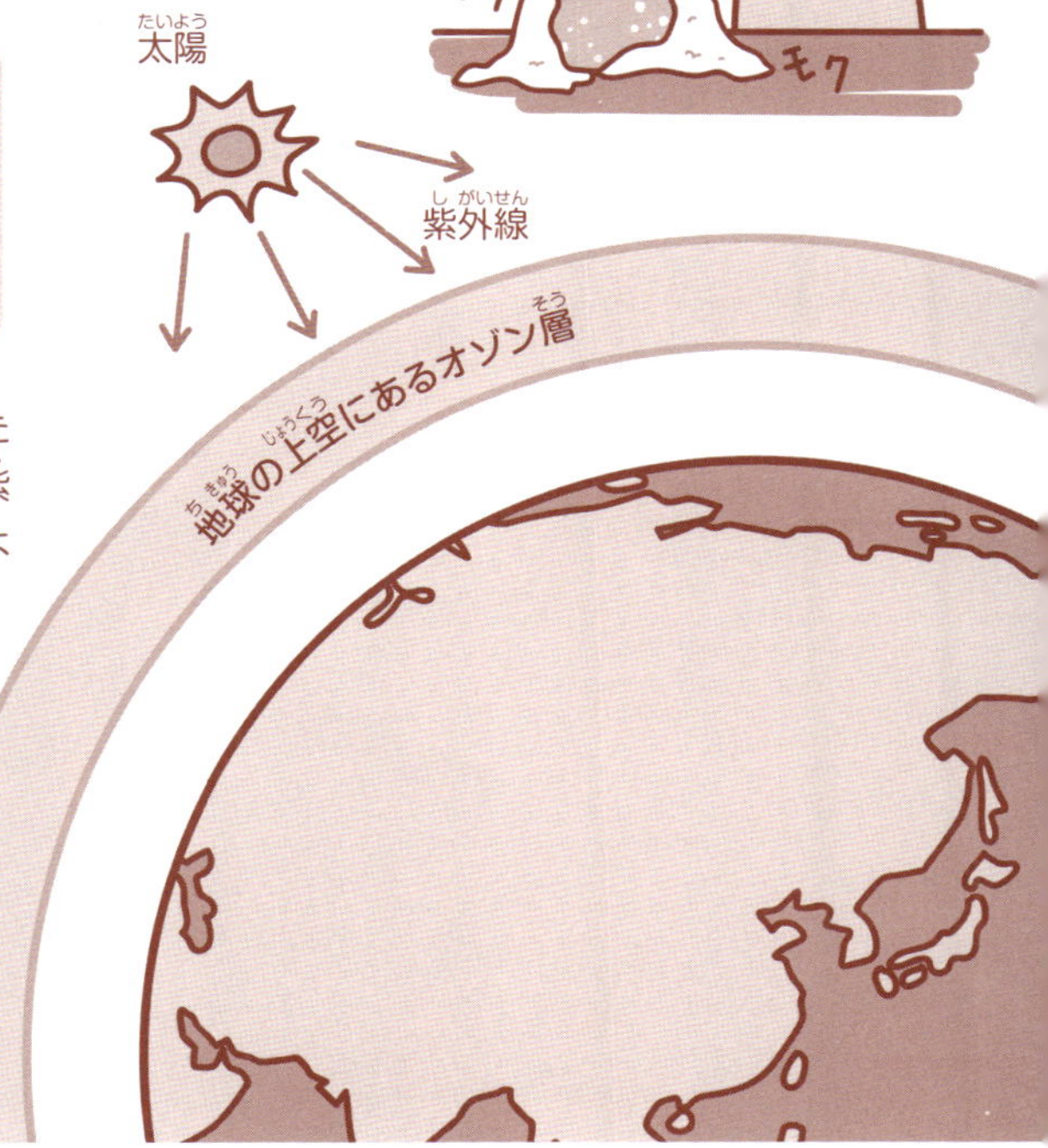

オゾン（O_3）が集《あつ》まった「オゾン層《そう》」は、有害《ゆうがい》な紫《し》外線《がいせん》が地表《ちひょう》に届《とど》かないように、吸収《きゅうしゅう》する（→）

O
酸素《さんそ》

なるほど理系脳《りけいのう》クイズ！

酸素《さんそ》（O_2）は、シアノバクテリアの何《なん》というはたらきによって、つくられた？　①中和《ちゅうわ》　②光合成《こうごうせい》

第《だい》2周期《しゅうき》

ねり歯《は》みがきにふくまれる 9・フッ素《そ》【F】

「フッ素《そ》」は、さまざまな形《かたち》で私《わたし》たちの生活《せいかつ》に役立《やくだ》てられています。

　たとえば、ねり歯《は》みがきにふくまれるフッ素《そ》（無機《むき》フッ素《そ》化合物《かごうぶつ》）は、虫歯《むしば》の原因《げんいん》となる菌《きん》のはたらきをおさえたり、歯《は》の修復《しゅうふく》をうながしたりします。また、フッ素《そ》（有機《ゆうき》フッ素《そ》化合物《かごうぶつ》）を表面《ひょうめん》にぬられたフライパンなどは、食材《しょくざい》がこげつきにくくなる、使《つか》う油《あぶら》が少《すく》なくてすむ、などのメリットがあります。

　さて、有機《ゆうき》フッ素《そ》化合物《かごうぶつ》は「PFAS《ピーファス》」ともよばれます。PFAS《ピーファス》はさまざまな目的《もくてき》で使《つか》われていますが、分解《ぶんかい》されにくく、自然界《しぜんかい》に長期間《ちょうきかん》残《のこ》ることから「永遠《えいえん》の化学物質《かがくぶっしつ》」とよばれます。体内《たいない》にたまると「がん」を引《ひ》きおこす可能性《かのうせい》があるため、世界《せかい》で規制《きせい》が進《すす》みつつあります※。

※ねり歯《は》みがきにふくまれる無機《むき》フッ素《そ》化合物《かごうぶつ》は、自然界《しぜんかい》に存在《そんざい》する（無害《むがい》）。

クイズの答《こた》え：P41➡②

第《だい》2周期《しゅうき》

夜《よる》の街《まち》を彩《いろど》る…
10・ネオン【Ne】

★ネオンサインのしくみ

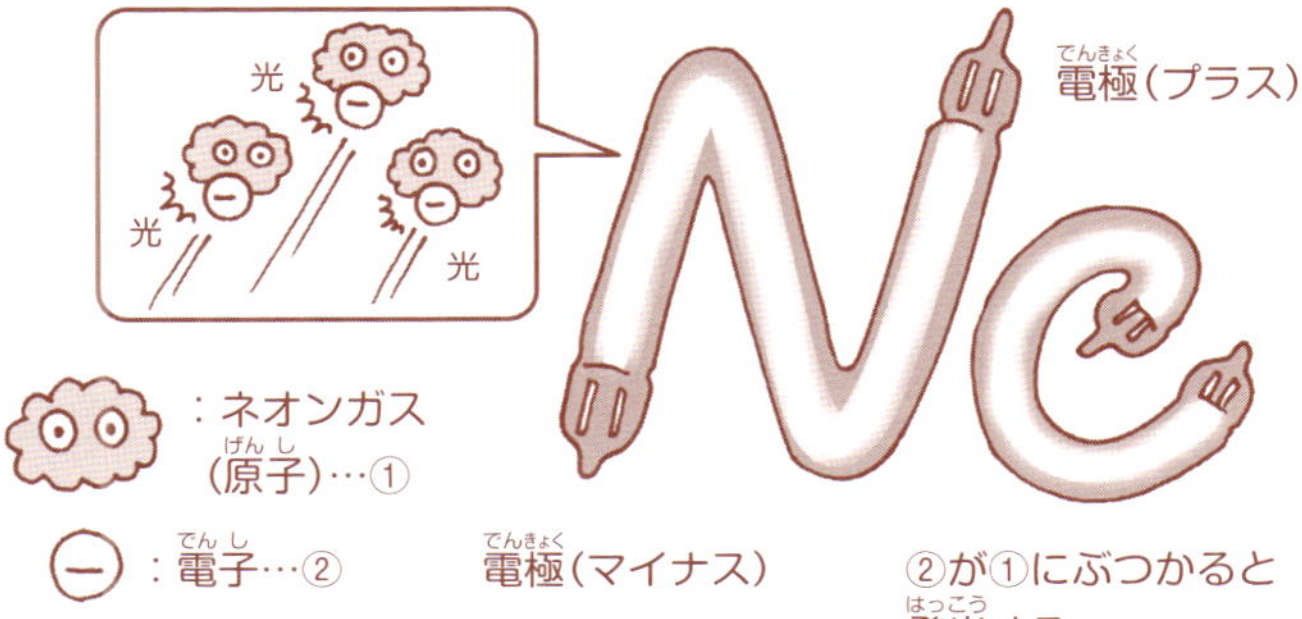

②が①にぶつかると発光《はっこう》する。

★蛍光灯《けいこうとう》のしくみ

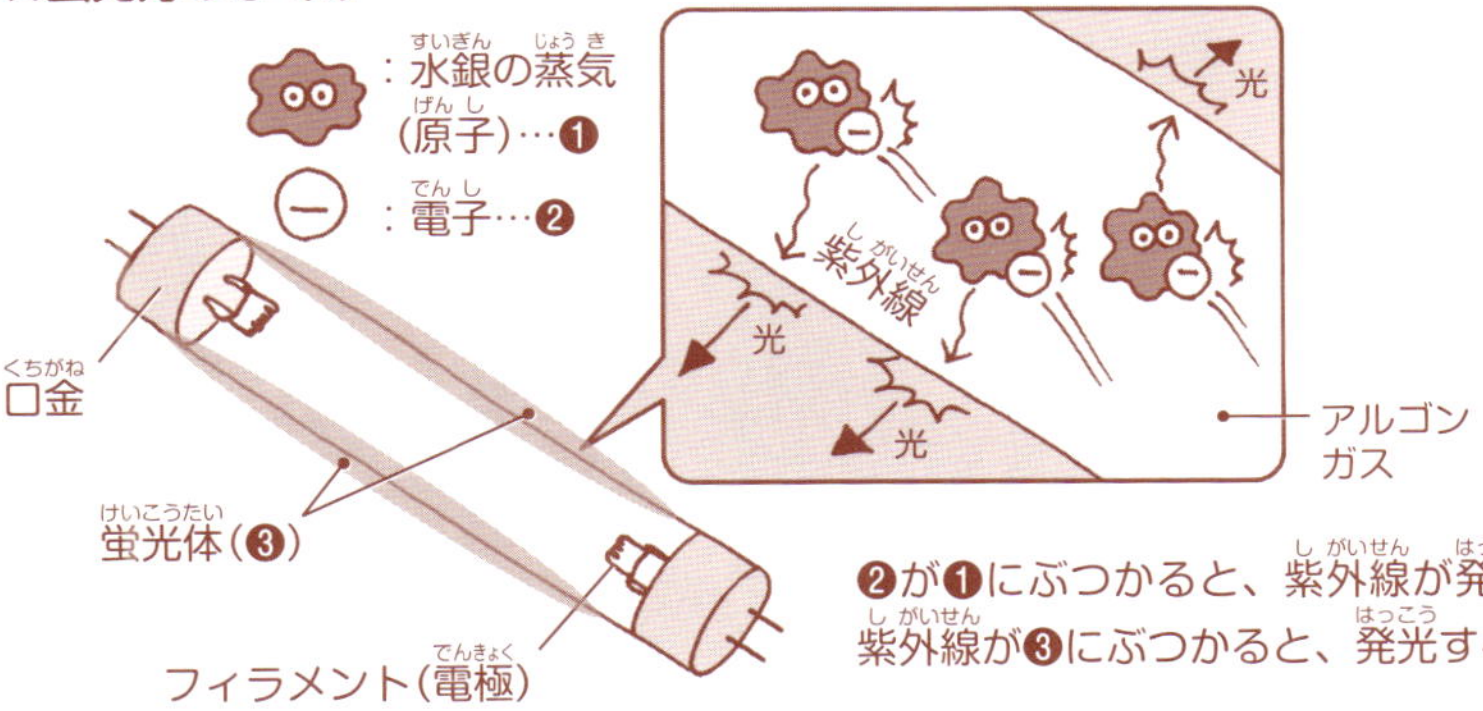

❷が❶にぶつかると、紫外線《しがいせん》が発生《はっせい》する。
紫外線《しがいせん》が❸にぶつかると、発光《はっこう》する。

気体《きたい》の「ネオン」（ネオンガス）を入《い》れたガラス管《かん》に電圧《でんあつ》をかけると、管《くだ》の中《なか》で赤《あか》い光《ひかり》が発《はっ》せられます※。これを利用《りよう》してつくられた看板《かんばん》や広告《こうこく》が「ネオンサイン」です。「ネオン街《がい》」という言葉《ことば》があるほど、かつては街《まち》でよく見《み》られましたが、近年《きんねん》はＬＥＤ《エルイーディ》に置《お》きかわりつつあります。

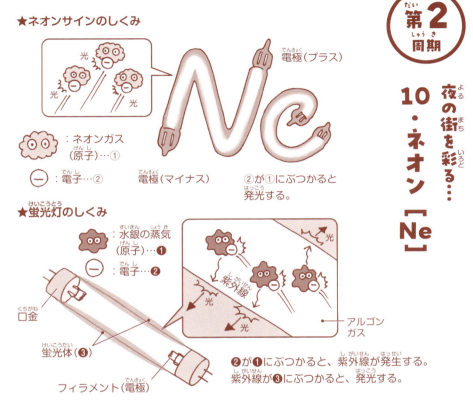

　ちなみに、私《わたし》たちの家《いえ》にある蛍《けい》光灯《こうとう》も、ネオン管《かん》と似《に》たしくみでかがやきます。ただし、蛍光灯《けいこうとう》の場合《ばあい》は水銀《すいぎん》とアルゴンガスが入《はい》っていて、管《くだ》の内側《うちがわ》に「蛍光体《けいこうたい》」という塗料《とりょう》がぬられています。

※ガスと、ネオン管《かん》（色《いろ》がついている）の組《く》み合《あ》わせにより、発色《はっしょく》をかえることができる。

なるほど理系脳《りけいのう》クイズ！

ネオン管《かん》にアルゴンガスをつめると、何色《なにいろ》に光《ひか》る？　①黄色《きいろ》　②緑色《みどりいろ》　③青色《あおいろ》

第《だい》3周期《しゅうき》

11・ナトリウム【Na】 12・マグネシウム【Mg】

「ナトリウム」は、塩《しお》や石《せっ》けん、ベーキングパウダー(ふくらし粉《こ》)、胃薬《いぐすり》などにふくまれます。

金属《きんぞく》としてのナトリウムは、私《わたし》たちがふだん目《め》にすることはほとんどありませんが、ナイフで切《き》れるほどやわらかいという特徴《とくちょう》があります。また、水《みず》とはげしく反応《はんのう》するので(発火《はっか》して爆発《ばくはつ》する)、石《せき》油《ゆ》の中《なか》に入《い》れて保管《ほかん》します。

ナトリウムは、金属《きんぞく》のなかで2番目《ばんめ》に軽《かる》い元素《げんそ》としても知《し》られますが、3番目《ばんめ》に軽《かる》いのが「マグネシウム」です。たとえば、次世代《じせだい》新幹線《しんかんせん》(試験車両《しけんしゃりょう》)の客室《きゃくしつ》の床板《ゆかいた》や、自動車用《じどうしゃよう》の高性能《こうせいのう》ホイールは、軽《かる》くてがんじょうな「マグネシウム合金《ごうきん》」でつくられています。

なお、「合金《ごうきん》」とは、ある金属元《きんぞくげん》素《そ》に、1種類以上《しゅるいいじょう》の金属元素《きんぞくげんそ》または非金属元素《ひきんぞくげんそ》をまぜた物質《ぶっしつ》のことです。

ハカセMEMO《メモ》!

単体《たんたい》と化合物《かごうぶつ》

1種類《しゅるい》の元素《げんそ》でできた物質《ぶっしつ》を「単体《たんたい》」、2種類以上《しゅるいいじょう》の元素《げんそ》でできた物質《ぶっしつ》を「化合物《かごうぶつ》」というゾ。たとえばナトリウムであれば、「ナトリウム」(Na：金属《きんぞく》)は単体《たんたい》、「塩化《えんか》ナトリウム」(NaCl：食塩《しょくえん》)や「炭酸水素《たんさんすいそ》ナトリウム」($NaHCO_3$：ベーキングパウダー)は化合物《かごうぶつ》なのじゃ。

クイズの答《こた》え：P43➡③

ベーキングパウダーは、炭酸《たんさん》ガスを発生《はっせい》させて、ホットケーキなどをふくらませる。

マグネシウムは、強《つよ》い光《ひかり》を放《はな》ちながら、はげしく燃《も》える。

次世代新幹線《じせだいしんかんせん》の床板《ゆかいた》や、自動車《じどうしゃ》の高性能《こうせいのう》ホイールには、マグネシウム合金《こうきん》が使《つか》われている。

なるほど理系脳《りけいのう》クイズ！

ナトリウムをあらわす英単語《えいたんご》は？　①sodium（ソディウム）　②salt（ソルト）

第《だい》3周期《しゅうき》

13・アルミニウム【Al】 14・ケイ素《そ》【Si】

飲料《いんりょう》のかん・食品用《しょくひんよう》アルミホイル、1円玉《えんだま》など、日常生活《にちじょうせいかつ》で私《わたし》たちがよく使《つか》うものに用《もち》いられているのが「アルミニウム」です。

アルミニウムは、ベースメタル（社会《しゃかい》のなかで大量《たいりょう》に使用《しよう》される金属《きんぞく》）のひとつで、鉄《てつ》に次《つ》いで多《おお》く使《つか》われています。これは、軽《かる》い（重《おも》さは鉄《てつ》の3分《ぶん》の1）、加工《かこう》しやすい、くさりにくい、毒性《どくせい》がないなど、私《わたし》たちに〝都合《つごう》のいい〟さまざまな特徴《とくちょう》をもつためです。

一方《いっぽう》で、窓《まど》や食器《しょっき》など、一般的《いっぱんてき》なガラスの主原料《しゅげんりょう》として利用《りよう》されるのが「ケイ素《そ》」です。

ケイ素《そ》は、電子機器《でんしきき》の〝頭脳《ずのう》〟となるIC《アイシー》（集積回路《しゅうせきかいろ》）や、太陽電池《たいようでんち》など、現代社会《げんだいしゃかい》のテクノロジーに欠《か》かせない元素《げんそ》でもあります。なお、IC《アイシー》は「半導体《はんどうたい》」とよばれることもありますが、半導体《はんどうたい》については、5章《しょう》でくわしくお話《はな》しします。

ハカセMEMO《メモ》!

ジュラルミン

飛行機《ひこうき》の機体《きたい》は「ジュラルミン」という金属《きんぞく》でできているのじゃ。ジュラルミンは、アルミニウムに亜鉛《あえん》、マグネシウム、銅《どう》をまぜてつくられた、軽《かる》くてじょうぶな合金《ごうきん》じゃ。なお、最新《さいしん》の飛行機《ひこうき》には、さらに軽《かる》い「炭素《たんそ》せんい」（カーボンファイバー）を使《つか》っているものもあるゾ。

クイズの答《こた》え：P45➡①（ナトリウムはドイツ語《ご》）

一方《いっぽう》で、アルミニウムは70％《パーセント》がリサイクルされている。リサイクル資源《しげん》から新《あら》たにアルミニウム（地金《じがね》）をつくる場合《ばあい》、鉱石《こうせき》からつくる場合《ばあい》の約《やく》３％《パーセント》のエネルギーですむ。

１円玉《えんだま》は、アルミニウムでできている。
（１個《こ》つくるのに１円以上《えんいじょう》かかる！）

ガラス、そしてIC《アイシー》や太陽電池《たいようでんち》は、ケイ素《そ》を原料《げんりょう》としている。

食品《しょくひん》のかんそうざいとして使《つか》われる「シリカゲル」は、二酸化《にさんか》ケイ素《そ》（SiO_2）でできている。

なるほど理系脳《りけいのう》クイズ！

アルミニウムを多《おお》くふくむ鉱石《こうせき》の名前《なまえ》は？　①ユーフラテス　②ボーキサイト　③タロイモ

15・リン【P】

生《い》きものに欠《か》かせない…

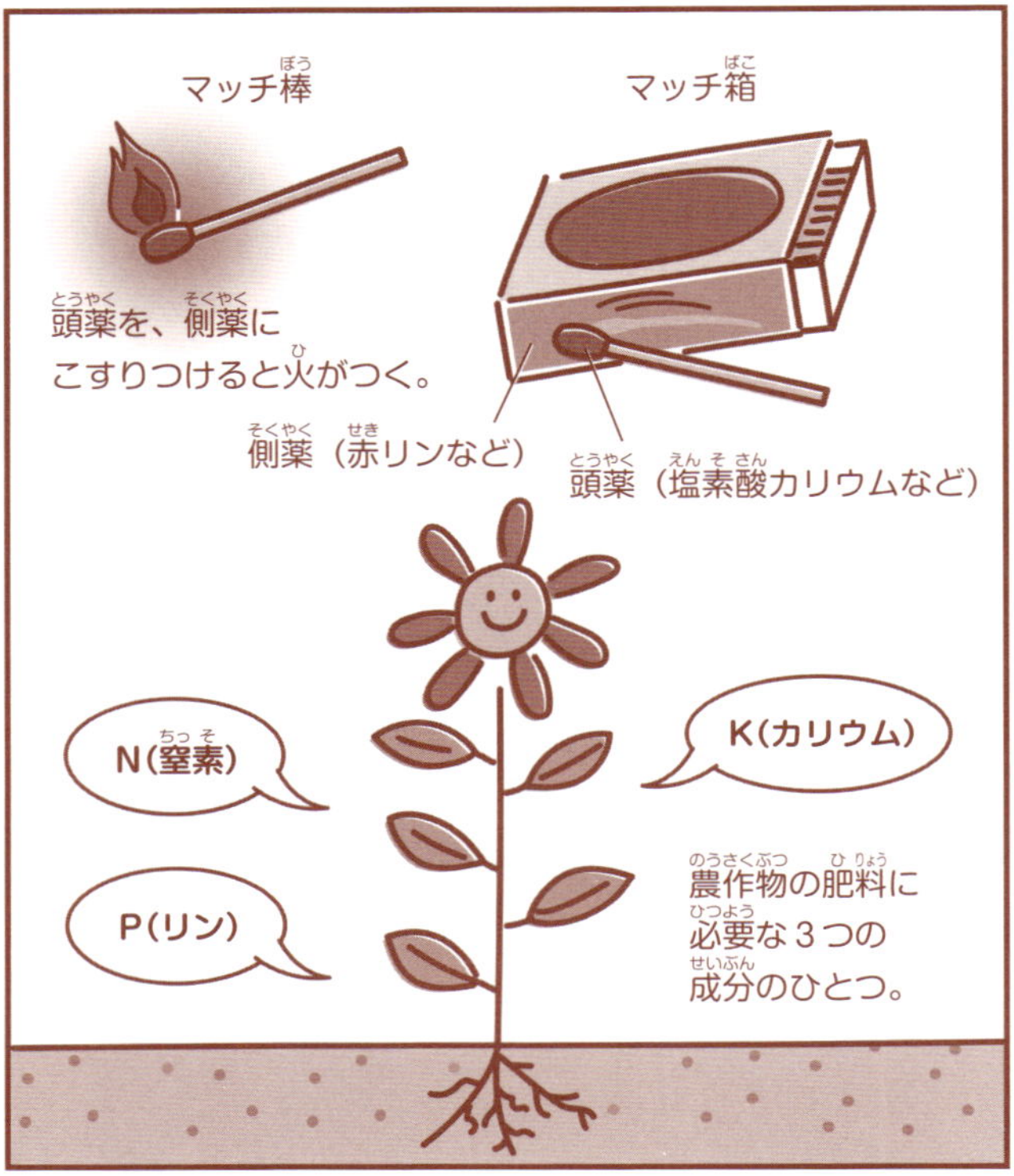

「リン」は、生《い》きものにとってなくてはならない元素《げんそ》です。

リンとカルシウムが結《むす》びついた「リン酸《さん》カルシウム」は、骨《ほね》や歯《は》をつくり、かたくします。また、私《わたし》たちが活動《かつどう》するためのエネルギーの利用《りよう》・貯蔵《ちょぞう》にかかわる「ATP《エーティーピー》」という物質《ぶっしつ》や、遺伝《いでん》にかかわる「DNA《ディーエヌエー》」「RNA《アールエヌエー》」などには、リンが多《おお》くふくまれています。

暮《く》らしにおいては、リンはマッチの発火剤《はっかざい》（側薬《そくやく》）として使《つか》われたり、農作物《のうさくぶつ》を育《そだ》てる肥料《ひりょう》の、重要《じゅうよう》な成分《せいぶん》のひとつとして利用《りよう》されたりしています。

第《だい》3周期《しゅうき》

16・硫黄《いおう》【S】

イオウなにおい…

インドネシアのジャワ島《とう》にあるイジェン山《ざん》では、夜《よる》になると、「ブルー・ファイア」とよばれる青色《あおいろ》の炎《ほのお》が見《み》られることがあります。これは「硫《い》黄《おう》」によるものです。地下《ちか》のマグマによって600℃近《ちか》くにまで熱《ねっ》せられた硫黄《いおう》が、ガスとして地表《ちひょう》にふきだし、空《くう》気《き》にふれた瞬間《しゅんかん》に自然発火《しぜんはっか》しているのです。

また、温泉地《おんせんち》に行《い》くと、〝卵《たまご》のくさったようなにおい〟がすることがありますね。これも硫黄《いおう》のしわざです。温泉《おんせん》にふくまれる硫黄《いおう》が、細菌《さいきん》のはたらきによって「硫化水素《りゅうかすいそ》」というガスになると、そのようなにおいを発《はっ》するのです。

硫黄《いおう》は人間《にんげん》の体《からだ》に欠《か》かすことのできない元素《げんそ》（栄養素《えいようそ》）のひとつですが、こい硫化水《りゅうかすい》素《そ》ガスは有害《ゆうがい》なので、注意《ちゅうい》が必要《ひつよう》です。

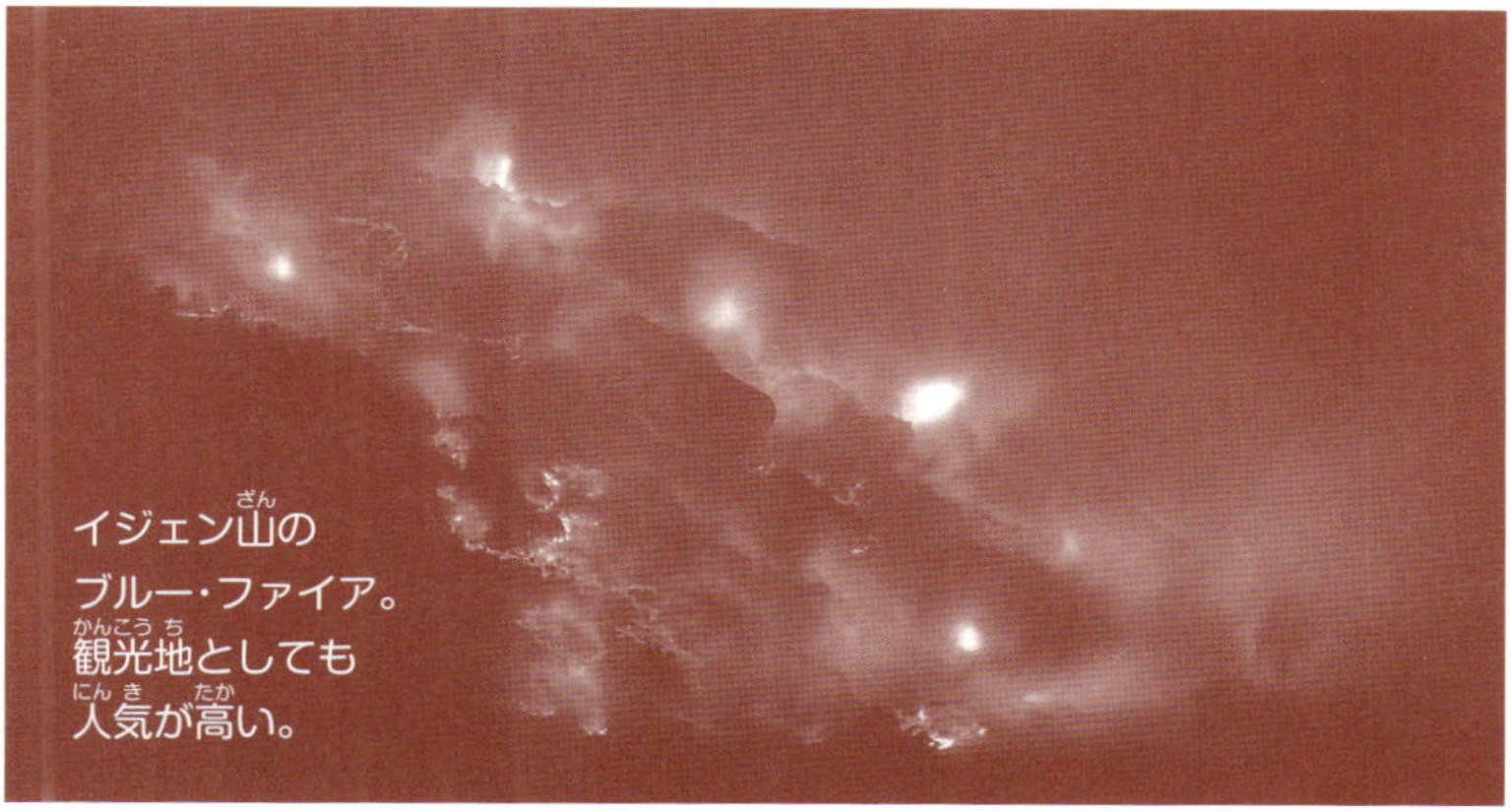

イジェン山《ざん》のブルー・ファイア。観光地《かんこうち》としても人気《にんき》が高《たか》い。

なるほど理系脳《りけいのう》クイズ！

タイヤには硫黄《いおう》が使《つか》われているが、その理由《りゆう》は？　①黒色《くろいろ》にするため　②ゴムの強度《きょうど》を上《あ》げるため

17・塩素《えんそ》【Cl】
"きれい好《ず》き"な…

「塩素《えんそ》」には強《つよ》い殺菌力《さっきんりょく》があります。そのため、衣服《いふく》や食器《しょっき》のひょうはく剤《ざい》、プールや水道水《すいどうすい》の消《しょう》毒薬《どくやく》として使用《しよう》されます。

食品用《しょくひんよう》ラップとなる「ポリ塩化《えんか》ビニリデン」や、うきわや下水管《げすいかん》となる「ポリ塩化《えんか》ビニル」も、塩《えん》素《そ》を使《つか》ってつくられた素材《そざい》（合成《ごうせい》樹脂《じゅし》）です。

塩素《えんそ》は、私《わたし》たちの体《からだ》の中《なか》でも活《かつ》やくしています。たとえば、塩素《えんそ》（塩素《えんそ》イオン）を多《おお》くふくむ「胃《い》酸《さん》」は、胃《い》で放出《ほうしゅつ》されて、食《た》べ物《もの》についた菌《きん》やウイルスをやっつけたり、食《た》べ物《もの》の消化《しょうか》を行《おこな》う「酵素《こうそ》」を活発《かっぱつ》にはたらかせたりします。

クイズの答《こた》え：P49➡②

※原子《げんし》から電子《でんし》が1個以上《こいじょう》飛《と》びだしたり、別《べつ》の原子《げんし》がそれらを受《う》け入《い》れたりすると、元《もと》の原子《げんし》はそれぞれ、プラスもしくはマイナスの電気《でんき》をもつようになる。これらを「プラスイオン」「マイナスイオン」という。電子《でんし》1個《こ》を失《うしな》い、プラスの電気《でんき》を帯《お》びた「ナトリウムイオン」と、その電《でん》子《し》を受《う》け取《と》り、マイナスの電気《でんき》を帯《お》びた「塩素《えんそ》イオン」が引《ひ》きあって、食塩《しょくえん》ができる。

第《だい》3周期《しゅうき》

ダイバーを守《まも》る！ 18・アルゴン【Ar】

ダイバーが海《うみ》にもぐるときに背負《せお》うタンクには、酸素《さんそ》がつまっているように思《おも》いますね。しかし、実際《じっさい》には〝空気《くうき》〟が入《はい》っています。この空気《くうき》には、窒素《ちっそ》や酸素《さんそ》のほかに「アルゴン」やヘリウムがわずかにまぜられています。

水深《すいしん》10メートル以上《いじょう》にもぐると、地上《ちじょう》にいるときより、窒素《ちっそ》が血液《けつえき》にとけこみやすくなります。この状態《じょうたい》で浅《あさ》い場《ば》所《しょ》に急《きゅう》に移動《いどう》すると、窒素《ちっそ》が血液《けつえき》の中《なか》で泡《あわ》となります。その結果《けっか》、しびれや筋肉痛《きんにくつう》など、さまざまな不調《ふちょう》があらわれることがあります。これを「減《げん》圧症《あつしょう》」といいます。

アルゴンやヘリウムは、同《おな》じ状況《じょうきょう》でも、血液《けつえき》にとけこみにくい気体《きたい》です。そのため、これらをまぜることで、減圧《げんあつ》症《しょう》の発生《はっせい》を防《ふせ》いでいるというわけです。

なるほど理系脳《りけいのう》クイズ！

次《つぎ》のうち、アルゴンが使《つか》われているのは？　①溶接《ようせつ》（アーク溶接《ようせつ》）　②自動車《じどうしゃ》の燃料《ねんりょう》

ハカセの一言《ひとこと》！

☆★ 118枚《まい》の元素《げんそ》 ★☆

これは、埼玉県《さいたまけん》にある東武東上線《とうぶとうじょうせん》・和光市駅《わこうしえき》から、理化学研究所和光研究所《りかがくけんきゅうじょわこうけんきゅうしょ》(理研《りけん》)までつづく歩道《ほどう》のようすじゃ。元素名《げんそめい》や元素記号《げんそきごう》などが書《か》かれた118枚《まい》のプレートが、うめこまれているゾ！

ちなみに、この道《みち》は「ニホニウム通《どお》り」と名《な》づけられているのじゃ。

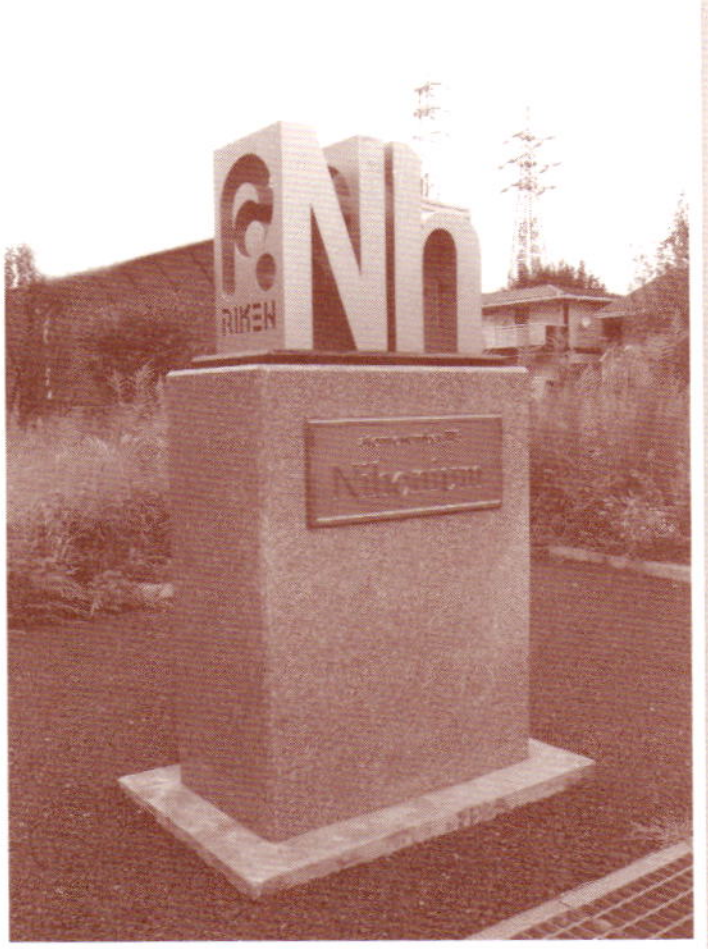

途中《とちゅう》にあらわれるモニュメントのひとつ。

クイズの答《こた》え：P51 ➡ ①

3章《しょう》

元素《げんそ》のことを、もっと知《し》りたい！

1 えっ…夏《なつ》といえば元素《げんそ》!?

「夏《なつ》」と聞《き》いて、多《おお》くの人《ひと》は「海《うみ》」だったり、「スイカ」だったりを思《おも》いうかべるでしょう。「元素《げんそ》」と答《こた》える人《ひと》は、おそらくいないはずです。しかし元素《げんそ》は、みなさんが夏《なつ》によく見《み》かける〝あるもの〟に深《ふか》くかかわっています。…それは「打《う》ち上《あ》げ花火《はなび》」です。

金属元素《きんぞくげんそ》をふくむ物質《ぶっしつ》を炎《ほのお》の中《なか》に入《い》れて熱《ねっ》すると、炎《ほのお》の色《いろ》が変化《へんか》します。このような反応《はんのう》を「炎色反応《えんしょくはんのう》」といいます※。

炎《ほのお》の色《いろ》は、元素《げんそ》の種類《しゅるい》によってかわります。たとえば、「銅《どう》」をふくむ物質《ぶっしつ》を炎《ほのお》の中《なか》に入《い》れて熱《ねっ》すると、青色《あおいろ》の炎《ほのお》が見《み》られます。「ストロンチウム」という元素《げんそ》をふくむ物質《ぶっしつ》の場合《ばあい》は、紅赤色《べにあかいろ》の炎《ほのお》です。

打《う》ち上《あ》げ花火《はなび》は、このような金属元素《きんぞくげんそ》をふくむ「色火剤《いろびざい》」を火薬《かやく》にまぜることで、さまざまな色《いろ》をつくりだしています。

※すべての金属元素《きんぞくげんそ》で、炎色反応《えんしょくはんのう》がおきるわけではない。

ハカセMEMO《メモ》!

明《あか》るくかがやく白色《しろいろ》

打《う》ち上《あ》げ花火《はなび》の「明《あか》るくかがやく白色《しろいろ》」は、炎色反応《えんしょくはんのう》ではなく、アルミニウムやマグネシウムなどの粉末《ふんまつ》を火薬《かやく》にまぜて、2000℃《ど》以上《いじょう》の高温《こうおん》で爆発的《ばくはつてき》に燃《も》えるようにすることで、生《う》みだされるゾ。

花火《はなび》の色《いろ》と炎色反応《えんしょくはんのう》

なるほど理系脳《りけいのう》クイズ！

なべからふきこぼれたみそ汁《しる》がガスコンロにかかると、炎《ほのお》は何色《なにいろ》になる？ ①黄《き》 ②紫《むらさき》 ③青《あお》

② もはや芸術《げいじゅつ》だ！ 元素《げんそ》が生《う》みだす「温泉《おんせん》」

温泉《おんせん》のお湯《ゆ》には、色《いろ》がついていることがあります。この色《いろ》も、実《じつ》は元素《げんそ》がつくりだしています。

たとえば、青森県《あおもりけん》「酸《す》ケ《か》湯《ゆ》温泉《おんせん》」や長野県《ながのけん》「白骨温泉《しらほねおんせん》」のお湯《ゆ》は、白色《しろいろ》をしています。わきでたときはほぼ透明《とうめい》ですが、お湯《ゆ》にふくまれる硫黄《いおう》（硫化水素《りゅうかすいそ》）が空気《くうき》にふれて、酸素《さんそ》（酸素分子《さんそぶんし》）と結《むす》びつくと、とても小《ちい》さなつぶになります。このつぶに光《ひかり》が当《あ》たると、お湯《ゆ》が白色《しろいろ》に見《み》えます。

一方《いっぽう》、兵庫県《ひょうごけん》「有馬温泉《ありまおんせん》」や大《おお》分《いた》県《けん》「別府温泉《べっぷおんせん》」（血《ち》の池地獄《いけじごく》）は赤色《あかいろ》をしています。

これらのお湯《ゆ》には、鉄《てつ》をふくむ物質《ぶっしつ》がふくまれています。こちらも、わきでたときはほぼ無色《むしょく》ですが、お湯《ゆ》にふくまれる鉄《てつ》が空気中《くうきちゅう》の酸素《さんそ》（酸素分子《さんそぶんし》）と結《むす》びつくと、しだいに鉄《てつ》をふくむ物質《ぶっしつ》の化合物《かごうぶつ》が生《しょう》じます。これがお湯《ゆ》にまざったり、底《そこ》にたまったりすることで、お湯《ゆ》が赤《あか》く見《み》えます。

ハカセMEMO《メモ》！

色《いろ》の正体《しょうたい》

リンゴが赤《あか》く見《み》えるのは、リンゴに当《あ》たってはねかえった（乱反射《らんはんしゃ》した）赤色《あかいろ》の光《ひかり》を、目《め》がとらえるためじゃ。白色《しろいろ》の温泉《おんせん》のお湯《ゆ》が白《しろ》く見《み》えるのも、硫化水《りゅうかすい》素《そ》が酸素分子《さんそぶんし》と結《むす》びついてできたつぶが、白《しろ》い光《ひかり》（＝あらゆる色《いろ》の光《ひかり》）をはねかえすためじゃ。

クイズの答《こた》え：P55➡①

いろんな色《いろ》の温泉《おんせん》

★白色《しろいろ》

硫黄《いおう》（S）や、カルシウム（Ca）をふくむ物質《ぶっしつ》を、お湯《ゆ》にふくむ。青森県《あおもりけん》「酸ヶ湯温泉《すかゆおんせん》」、長野県《ながのけん》「白《しら》骨温泉《ほねおんせん》」など。

★赤色《あかいろ》（→）

鉄《てつ》（Fe）をふくむ物質《ぶっしつ》をふくむ。兵庫県《ひょうごけん》「有馬温泉《ありまおんせん》」や大分県《おおいたけん》「別《べっ》府温泉《ぷおんせん》・血《ち》の池地獄《いけじごく》」など。

★青色《あおいろ》

ケイ素《そ》（Si）をふくむ物質《ぶっしつ》をふくむ。青色《あおいろ》に見《み》えるしくみは白色《しろいろ》と同《おな》じで、ケイ素《そ》（ケイ酸《さん》）のつぶが青色《あおいろ》の光《ひかり》をはねかえすためとされている。大分県《おおいたけん》「別《べっ》府温泉《ぷおんせん》・海地獄《うみじごく》」など。

なるほど理系脳《りけいのう》クイズ！

北海道《ほっかいどう》にある十勝川温泉《とかちがわおんせん》のお湯《ゆ》の色《いろ》は？　①黄《き》　②緑《みどり》　③黒《くろ》

3

元素《げんそ》を組《く》み合《あ》わせて 香《かお》りをつくりだせ！

入浴剤《にゅうよくざい》やアロマオイルには、さまざまな香《かお》りがつけられています。たとえば「ラベンダーの香《かお》り」であれば、ラベンダーをつんで、何《なに》かしらの方法《ほうほう》で香《かお》りを取《と》りだしているように感《かん》じますね。しかし実《じっ》際《さい》は、人工的《じんこうてき》につくられる場合《ばあい》のほうが多《おお》いです。

香《かお》りは、天然香料《てんねんこうりょう》と合成香料《ごうせいこうりょう》の2種類《しゅるい》に大《おお》きく分《わ》けられます。「天《てん》然香料《ねんこうりょう》」は、ラベンダーそのものからつくられた香《かお》りです。

一方《いっぽう》「合成香料《ごうせいこうりょう》」は、香《かお》りの成《せい》分《ぶん》を科学的《かがくてき》にぶんせきし、元素《げんそ》を組《く》み合《あ》わせて再現《さいげん》（化学合成《かがくごうせい》）したものです。

合成香料《ごうせいこうりょう》は、にせものだと感《かん》じる人《ひと》もいるかもしれませんが、天《てん》然香料《ねんこうりょう》より安価《あんか》で手《て》に入《い》れられる、より長《なが》い時間香《じかんかお》る、品質《ひんしつ》が安《あん》定《てい》しているなどのメリットがあるので、どちらが「よい」「悪《わる》い」とは決《き》められません。

ハカセ MEMO《メモ》!

ラベンダーってどんな花《はな》？

ラベンダー（右《みぎ》の写真《しゃしん》）は、もともとは地中海沿岸《ちちゅうかいえんがん》からアフリカ北部《ほくぶ》にあった花《はな》で、古《ふる》くからハーブとして利用《りよう》されてきたゾ。日本《にっぽん》でも全国各地《ぜんこくかくち》で見《み》られるが、なかでも有名《ゆうめい》なのが、北海道富良野《ほっかいどうふらの》にあるラベンダー畑《ばたけ》じゃ。

天《てん》然《ねん》香《こう》料《りょう》と合《ごう》成《せい》香《こう》料《りょう》

ここから“香《かお》りの成分《せいぶん》”を取《と》りだしてつくられたのが「天然香料《てんねんこうりょう》」。合成香料《ごうせいこうりょう》にくらべて、やわらかく香《かお》る。

一方《いっぽう》、「合成香料《ごうせいこうりょう》」の場合《ばあい》は…

①ラベンダーの香《かお》りをぶんせきする。

香《かお》りにふくまれる成分《せいぶん》

- 酢酸《さくさん》リナリル（$C_{12}H_{20}O_2$）
- リナロール（$C_{10}H_{18}O$）
- その他《た》さまざまな物質《ぶっしつ》

②ぶんせき結果《けっか》をもとに、元素《げんそ》を組《く》み合《あ》わせてこれらの物質《ぶっしつ》を再現《さいげん》する（化学合成《かがくごうせい》）。

こうしてできた「香《かお》りのもと」を利用《りよう》して、“ラベンダーの香《かお》り”のする商品《しょうひん》がつくられる。

なるほど理系脳《りけいのう》クイズ！

ラベンダーは何月《なんがつ》にさく？ ①2月《がつ》ごろ ②7月《がつ》ごろ ③10月《がつ》ごろ

4

なるほど！ 人間《にんげん》をつくる元素《げんそ》

16ページでお話《はな》ししたように、私《わたし》たち自身《じしん》は原子《げんし》、つまりさまざまな元素《げんそ》でできています。

人間《にんげん》の体《からだ》に最《もっと》も多《おお》くある元素《げんそ》は「酸素《さんそ》」です※。これは、人間《にんげん》は体《たい》重《じゅう》の約《やく》60％《パーセント》（成人男性《せいじんだんせい》の場合《ばあい》）が水《みず》（H_2O）でできているためです。

次《つぎ》に多《おお》いのは、「炭素《たんそ》」「水素《すいそ》」「窒素《ちっそ》」です。これらは、タンパク質《しつ》のもととなる元素《げんそ》です。タンパク質《しつ》は、心臓《しんぞう》や胃《い》などといった「臓器《ぞうき》」や、筋肉《きんにく》、皮膚《ひふ》、髪《かみ》の毛《け》など、体《からだ》のほぼすべてのパーツをつくっています。

その次《つぎ》に多《おお》いのが「カルシウム」「リン」です。これらは、体《からだ》を支《ささ》える骨《ほね》や、歯《は》をつくっています。

これら以外《いがい》にも、鉄《てつ》、亜鉛《あえん》、ナトリウム、マグネシウムなど30種《しゅ》類《るい》以上《いじょう》の元素《げんそ》が、私《わたし》たちが生《い》きていくために必要《ひつよう》となる、さまざまなはたらきにかかわっています。

※元素《げんそ》の重《おも》さでみた場合《ばあい》。

ハカセMEMO《メモ》！

人間《にんげん》をしぼったら…？

人間《にんげん》は体重《たいじゅう》の約《やく》60％《パーセント》が水《みず》でできているということは、たとえば体重《たいじゅう》が30キログラムの人《ひと》を「ぞうきん」のようにしぼったら、18キログラムの水《みず》が出《で》てくるということじゃ。ちなみに、カエルは体重《たいじゅう》の約《やく》80％《パーセント》が、クラゲは体《たい》重《じゅう》の約《やく》95％《パーセント》以上《いじょう》が水《みず》じゃ。

どんな元素《げんそ》でできている？

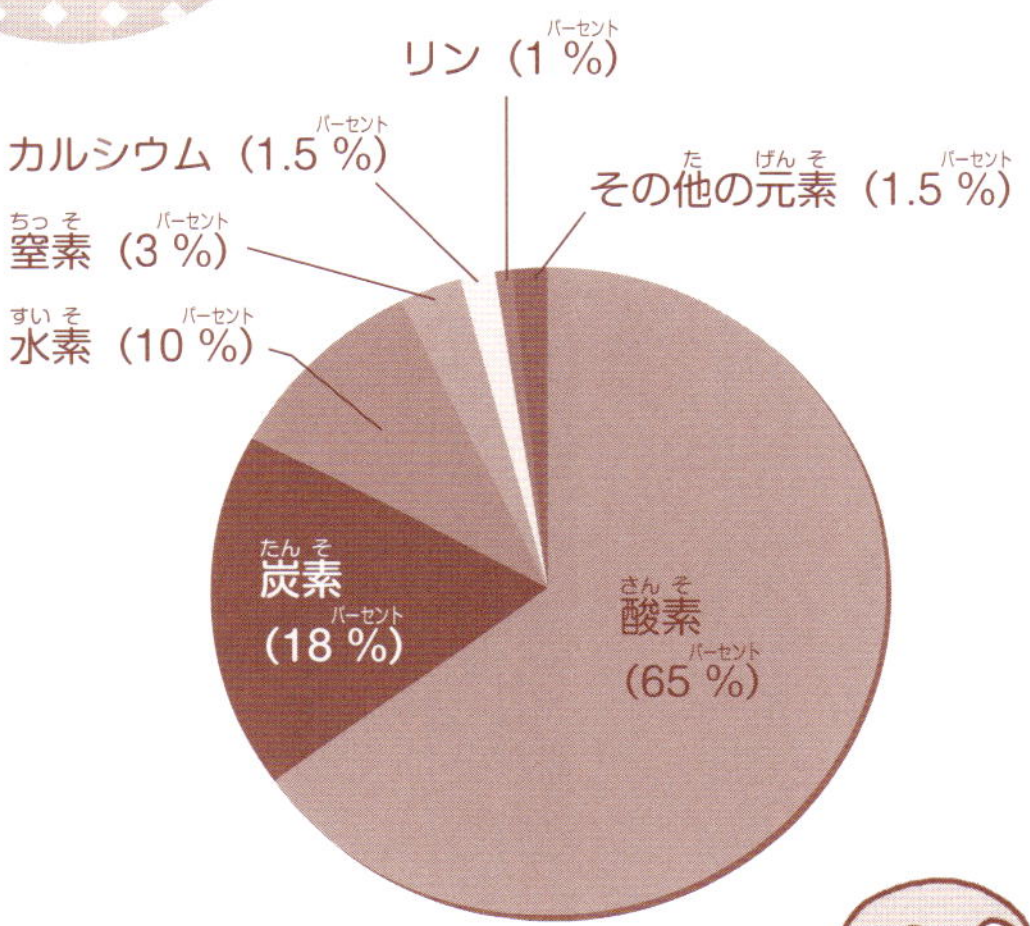

★人間《にんげん》の体《からだ》をつくる元素《げんそ》

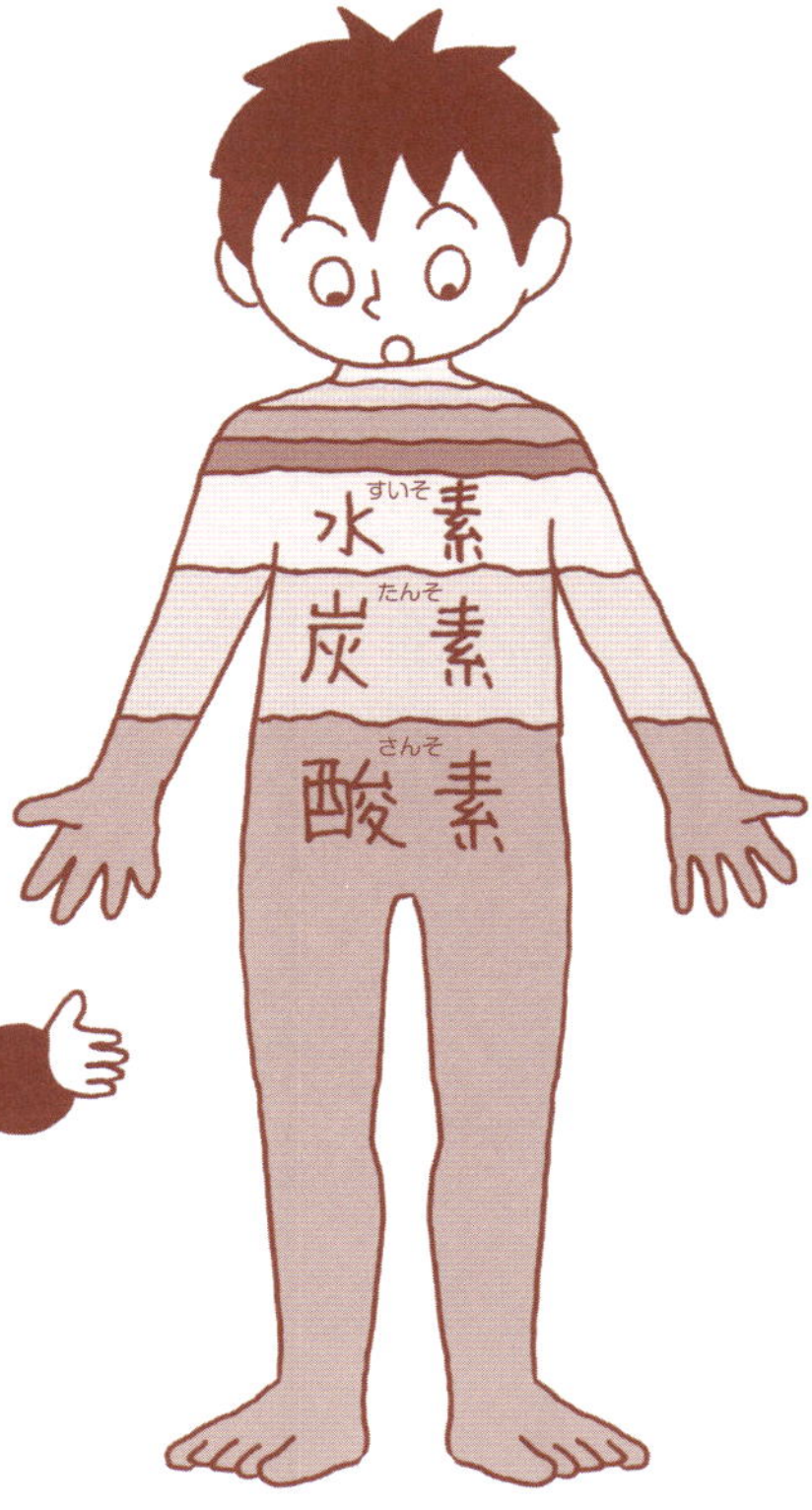

★主《おも》な元素《げんそ》

・酸素《さんそ》（O）、水素《すいそ》（H）
…水《みず》
・炭素《たんそ》（C）、水素《すいそ》（H）、窒素《ちっそ》（N）
…体《からだ》のほぼすべてのパーツ
・カルシウム（Ca）、リン（P）
…骨《ほね》や歯《は》

★その他《た》の元素《げんそ》

・鉄《てつ》（Fe）……主《おも》に、赤血球《せっけっきゅう》の「酸素《さんそ》を運《はこ》ぶ能力《のうりょく》」にかかわる。
・亜鉛《あえん》（Zn）…体内《たいない》の多《おお》くの反応《はんのう》や、味《あじ》を感《かん》じ取《と》る「味覚《みかく》」にかかわる。
・カリウム（K）、ナトリウム（Na）
…体液《たいえき》のこさ（細胞《さいぼう》の浸透圧《しんとうあつ》）を一定《いってい》に保《たも》つはたらきなどにかかわる。

※ほかにも、銅《どう》(Cu)、ヨウ素《そ》(I)、セレン(Se)、マンガン(Mn)、モリブデン(Mo)、コバルト(Co)、クロム(Cr)などが、さまざまなはたらきにかかわっている。

なるほど理系脳《りけいのう》クイズ！
人体《じんたい》にふくまれない元素《げんそ》は？　①アルミニウム　②ニホニウム　③硫黄《いおう》

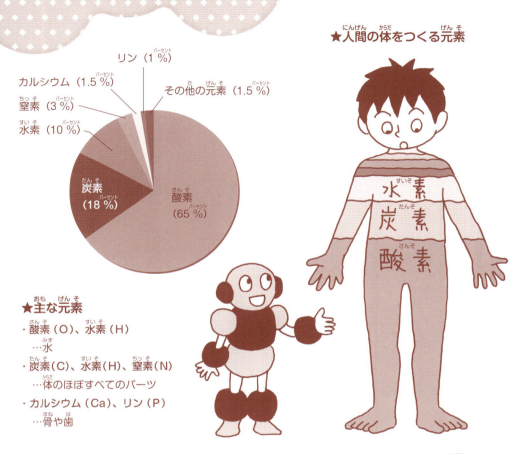

教《おし》えてハカセ!

5 地球《ちきゅう》をつくる元素《げんそ》

私《わたし》たちがすむ「地球《ちきゅう》」は、どのような元素《げんそ》でできているのでしょうか。

地球《ちきゅう》は「地殻《ちかく》」「マントル」「核《かく》(コア)」という3つの層《そう》に分《わ》けられます。地球《ちきゅう》の表面《ひょうめん》、つまり最《もっと》も外側《そとがわ》の地殻《ちかく》に多《おお》くふくまれるのは「酸素《さんそ》」「ケイ素《そ》」「アルミニウム」です。

より深《ふか》い部分《ぶぶん》にあるマントルでは、アルミニウムのかわりに「マグネシウム」が多《おお》くなり、地球《ちきゅう》の中心《ちゅうしん》にある核《かく》は、「鉄《てつ》」や「ニッケル」からなります。

ちなみに、「岩石惑星《がんせきわくせい》」とよばれる水星《すいせい》、金星《きんせい》、地球《ちきゅう》、火星《かせい》をつくる元素《げんそ》は、ほぼ同《おな》じです。これに対《たい》し、「巨大《きょだい》ガス惑星《わくせい》」とよばれる木星《もくせい》と土星《どせい》は、主《おも》に「水素《すいそ》」と「ヘリウム」で、「巨大氷惑星《きょだいひょうわくせい》」とよばれる天王星《てんのうせい》と海王星《かいおうせい》は、水《みず》(水《すい》素《そ》・酸素《さんそ》)や「メタン」の氷《こおり》でできています。

ハカセMEMO《メモ》!

宇宙《うちゅう》にある元素《げんそ》

お主《ぬし》は、宇宙空間《うちゅうくうかん》にはどんな元素《げんそ》が最《もっと》も多《おお》く存在《そんざい》すると思《おも》うかのォ。答《こた》えは「水素《すいそ》」で、全体《ぜんたい》の約《やく》90%《パーセント》をしめるゾ。次《つぎ》に多《おお》いのが「ヘリウム」で、この2種類《しゅるい》だけで全体《ぜんたい》の99.8%《パーセント》以上《いじょう》をしめるのじゃ。ちなみに、宇宙《うちゅう》ではじめて生《う》まれた元素《げんそ》も「水素《すいそ》」じゃ。

クイズの答《こた》え:P61➡②

地球《ちきゅう》をつくる元素《げんそ》たち

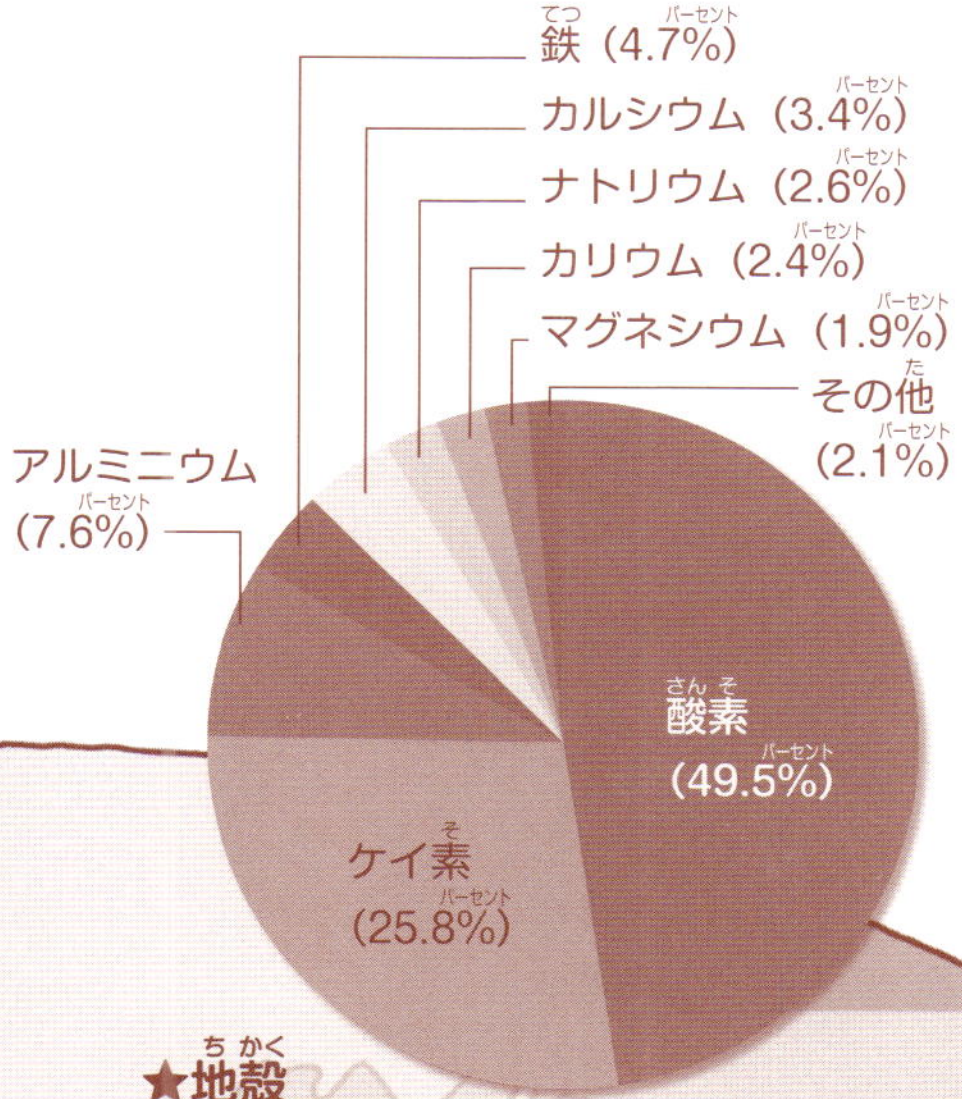

★地殻《ちかく》

最《もっと》も多《おお》い酸素《さんそ》は、ケイ素《そ》やアルミニウムなどと結《むす》びついて、岩石《がんせき》となって存在《そんざい》している。

★大気《たいき》

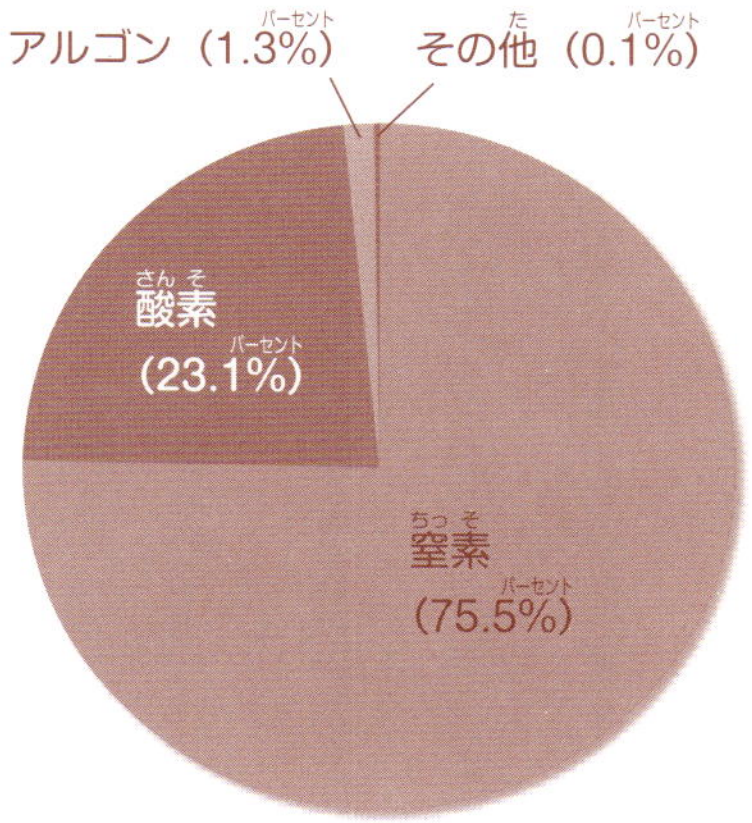

※それぞれのグラフは、元素《げんそ》の重《おも》さでみた場合《ばあい》の割合《わりあい》。

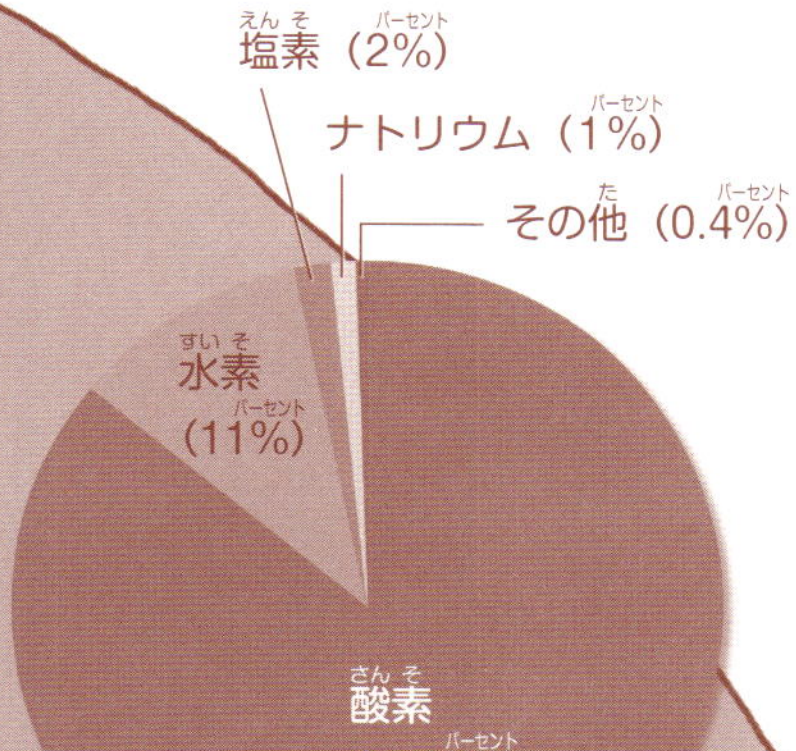

★海水《かいすい》

酸素《さんそ》と水素《すいそ》は「水《みず》」として、塩素《えんそ》とナトリウムは「塩《しお》」として存在《そんざい》している。

なるほど理系脳《りけいのう》クイズ！

太陽《たいよう》にある最《もっと》も多《おお》い元素《げんそ》は？　①水素《すいそ》　②炭素《たんそ》　③酸素《さんそ》

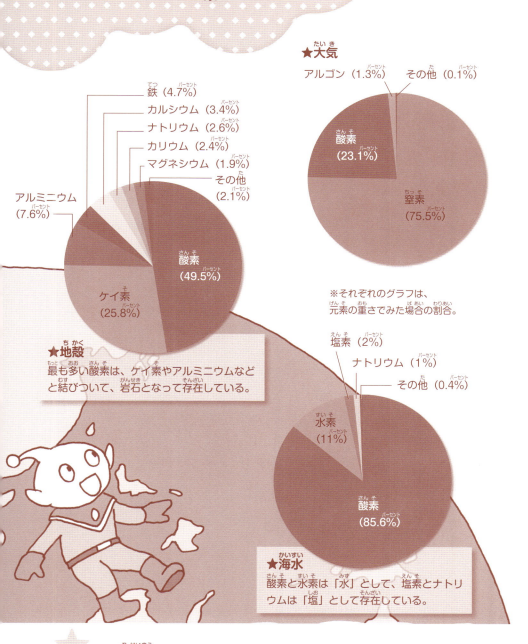

ハカセの一言《ひとこと》！

☆★ 元素《げんそ》が生《う》みだす絶景《ぜっけい》 ★☆

世界《せかい》には、元素《げんそ》がつくりだした絶景《ぜっけい》がたくさんあるのじゃ。その一部《いちぶ》を紹介《しょうかい》しよう！

ヨルダンとイスラエルにまたがる「死海《しかい》」という湖《みずうみ》には、海《うみ》の約《やく》6～8倍《ばい》の塩《しお》（ナトリウムや塩素《えんそ》など）がふくまれているのじゃ。塩分濃度《えんぶんのうど》が高《たか》いので、人《ひと》が入《はい》るとういてしまうゾ。

中国《ちゅうごく》・四川省《しせんしょう》の黄龍（ホアン・ロン）には、石灰岩《せっかいがん》（主《おも》に炭酸《たんさん》カルシウム：$CaCO_3$）でできた池《いけ》が、3000個《こ》以《い》上《じょう》も階段《かいだん》のように並《なら》んでいるのじゃ。池《いけ》のふちはクリーム色《いろ》、水《みず》はエメラルドグリーンに見《み》えるゾ！

クイズの答《こた》え：P63➡①

4章《しょう》

118元素《げんそ》を見《み》てみよう②

60秒《びょう》でわかる

118元素《げんそ》を見《み》てみよう②

4章《しょう》では、118種類《しゅるい》のうち「第《だい》4周期《しゅうき》」と「第《だい》5周期《しゅうき》」の元素《げんそ》を紹介《しょうかい》するよ！

10族《ぞく》	11族《ぞく》	12族《ぞく》	13族《ぞく》	14族《ぞく》	15族《ぞく》	16族《ぞく》	17族《ぞく》	18族《ぞく》
								2 He HELIUM
			5 B BORON	6 C CARBON	7 N NITROGEN	8 O OXYGEN	9 F FLUORINE	10 Ne NEON
			13 Al ALUMINIUM	14 Si SILICON	15 P PHOSPHORUS	16 S SULFUR	17 Cl CHLORINE	18 Ar ARGON
28 Ni NICKEL	29 Cu COPPER	30 Zn ZINC	31 Ga GALLIUM	32 Ge GERMANIUM	33 As ARSENIC	34 Se SELENIUM	35 Br BROMINE	36 Kr KRYPTON
46 Pd PALLADIUM	47 Ag SILVER	48 Cd CADMIUM	49 In INDIUM	50 Sn TIN	51 Sb ANTIMONY	52 Te TELLURIUM	53 I IODINE	54 Xe XENON
78 Pt PLATINUM	79 Au GOLD	80 Hg MERCURY	81 Tl THALLIUM	82 Pb LEAD	83 Bi BISMUTH	84 Po POLONIUM	85 At ASTATINE	86 Rn RADON
110 Ds DARMSTADTIUM	111 Rg ROENTGENIU	112	113 Nh NIHONIUM	114 Fl FLEROVIUM	115 Mc MOSCOVIUM	116 Lv LIVERMORIUM	117 Ts TENNESINE	118 Og OGANESSON

遷移元素《せんいげんそ》

ハロゲン

貴《き》ガス
(→85ページ)

64 Gd GADOLINIUM	65 Tb TERIBIUM	66 Dy DYSPROSIUM	67 Ho HOLMIUM	68 Er ERBIUM	69 Tm THULIUM	70 Yb YTTERBIUM	71 Lu LUTETIUM
96 Cm CURIUM	97 Bk BERKELIUM	98 Cf CALIFORNIUM	99 Es EINSTEINIUM	100 Fm FERMIUM	101 Md MENDELEVIUM	102 No NOBELIUM	103 Lr LAWRENCIUM

※原子番号《げんしばんごう》が104番《ばん》からあとの元素《げんそ》の化学的性質《かがくてきせいしつ》は、まだわかっていない。

第《だい》5周期《しゅうき》
(→86ページ)

第《だい》4周期《しゅうき》
(→68ページ)

	1族《ぞく》	2族《ぞく》	3族《ぞく》	4族《ぞく》	5族《ぞく》	6族《ぞく》	7族《ぞく》	8族《ぞく》	9族《ぞく》
	1 H HYDROGEN								
	3 Li LITHIUM	4 Be BERYLLIUM							
	11 Na SODIUM	12 Mg MAGNESIUM							
第4周期	19 K POTASSIUM	20 Ca CALCIUM	21 Sc SCANDIUM	22 Ti TITANIUM	23 V VANADIUM	24 Cr CHROMIUM	25 Mn MANGANESE	26 Fe IRON	27 Co COBALT
第5周期	37 Rb RUBIDIUM	38 Sr STRONTIUM	39 Y YTTRIUM	40 Zr ZICRONIUM	41 Nb NIOBIUM	42 Mo MOLYBDENUM	43 Tc TECHNETIUM	44 Ru RUTHENIUM	45 Rh RHODIUM
	55 Cs CAESIUM	56 Ba BARIUM	57-71*	72 Hf HAFNIUM	73 Ta TANTALUM	74 W TUNGSTEN	75 Re RHENIUM	76 Os OSMIUM	77 Ir IRIDIUM
	87 Fr FRANCIUM	88 Ra RADIUM	89-103**	104 Rf RUTHERFORDIUM	105 Db DUBNIUM	106 Sg SEABORGIUM	107 Bh BOHRIUM	108 Hs HASSIUM	109 Mt MEITNERIUM

アルカリ金属《きんぞく》

アルカリ土《ど》類金属《るいきんぞく》

* ランタノイド	57 La LANTHANUM	58 Ce CERIUM	59 Pr PRASEODYMIUM	60 Nd NEODYMIUM	61 Pm PROMETHIUM	62 Sm SAMARIUM	63 Eu EUROPIUM
** アクチノイド	89 Ac ACTINIUM	90 Th THORIUM	91 Pa PROTACTINIUM	92 U URANIUM	93 Np NEPTUNIUM	94 Pu PLUTONIUM	95 Am AMERICIUM

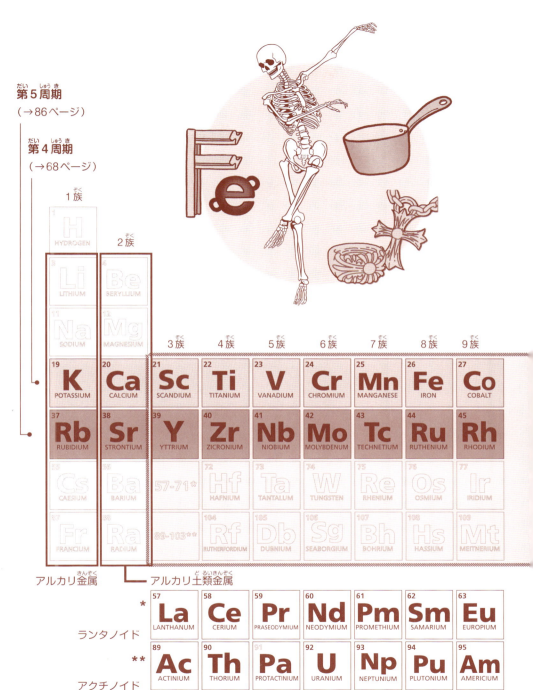

第《だい》4周期《しゅうき》

19・カリウム【K】 20・カルシウム【Ca】

1800年《ねん》、イギリスの医師《いし》アンソニー・カーライルと、化学者《かがくしゃ》ウィリアム・ニコルソンは、水《みず》に電流《でんりゅう》を流《なが》すと、水《みず》が「水素《すいそ》」と「酸素《さん そ》」に分解《ぶんかい》されることを発見《はっけん》しました。

これを聞《き》いたイギリスの化学者《かがくしゃ》ハンフリー・デービーは、強《つよ》い電《でん》流《りゅう》さえ流《なが》せばあらゆる物質《ぶっしつ》が分解《ぶんかい》できるはずだと考《かんが》え、250個《こ》もの電池《でんち》をつないで実験《じっけん》を行《おこな》ったといいます。

そして1807年《ねん》、デービーは加熱《かねつ》してとかした「ポタシュ」(草《くさ》や木《き》などを燃《も》やしてつくった灰《はい》)に電流《でんりゅう》を流《なが》して分解《ぶんかい》し、「カリウム」という元素《げんそ》を発見《はっけん》しました※。

デービーはその後《ご》、ナトリウム、「カルシウム」、バリウム、マグネシウム、ストロンチウムも発見《はっけん》しています。一生《いっしょう》の間《あいだ》に、自然界《しぜんかい》から6つの元素《げんそ》を発見《はっけん》したのは、デービーだけです。

※カリウムは英語《えいご》で「ポタシウム」(potassium)とよばれ、名前《なまえ》から元素発見《げんそはっけん》の歴史《れきし》がわかる。

ハカセMEMO《メモ》!

ダニエル電池《でんち》

世界初《せかいはつ》の実用的《じつようてき》な電池《でんち》は、イギリスのジョン・フレデリック・ダニエルが、1836年《ねん》に発明《はつめい》したゾ。この「ダニエル電池《でんち》」は、2種類《しゅるい》の金属板《きんぞくばん》を導線《どうせん》でつなぎ、電解液《でんかいえき》に入《い》れることで(=化学反応《かがくはんのう》がおきる)電気《でんき》をつくりだすのじゃ。

カリウム

カリウムは、植物《しょくぶつ》に多《おお》くふくまれる。

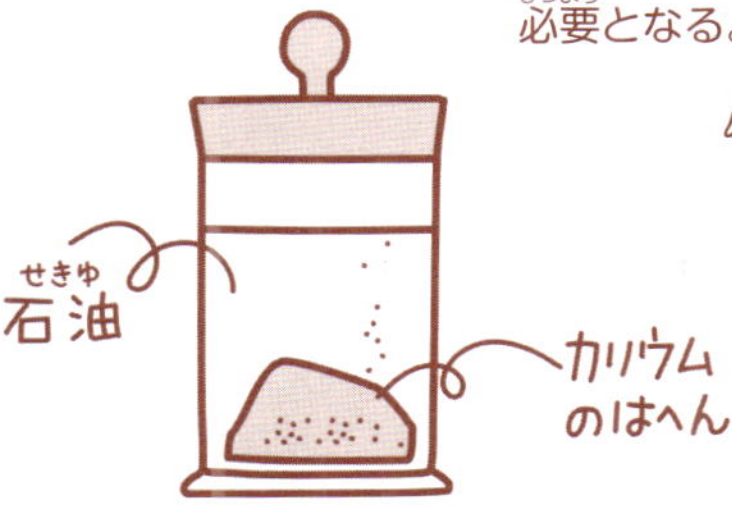

水《みず》にふれると発火《はっか》（爆発《ばくはつ》）するので、石油《せきゆ》の中《なか》で保管《ほかん》する。

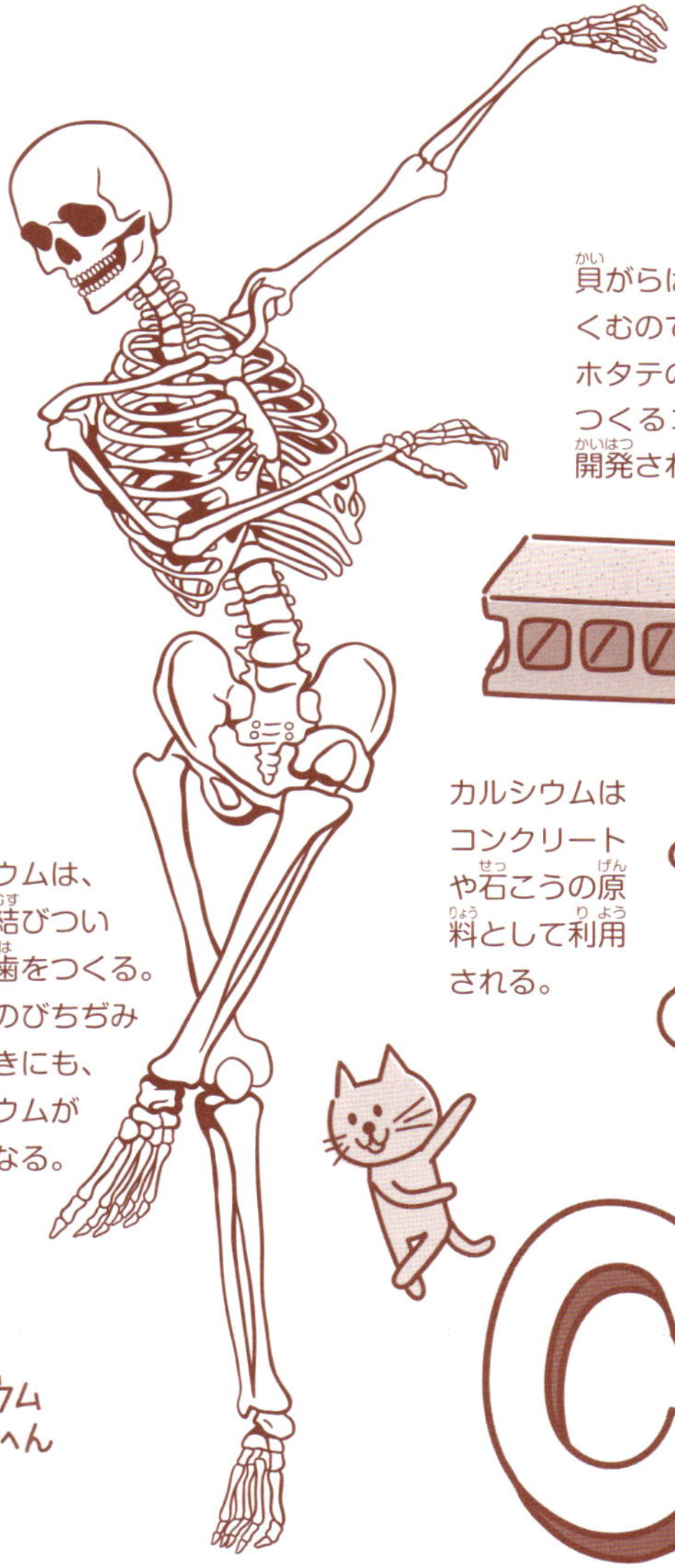

(→)
カルシウムは、リンと結《むす》びついて骨《ほね》や歯《は》をつくる。筋肉《きんにく》がのびちぢみするときにも、カルシウムが必要《ひつよう》となる。

貝《かい》がらはカルシウムをふくむので、不要《ふよう》になったホタテの貝《かい》がらをまぜてつくるコンクリートも、開発《かいはつ》されている。

カルシウムはコンクリートや石《せっ》こうの原《げん》料《りょう》として利用《りよう》される。

カルシウム

なるほど理系脳《りけいのう》クイズ！
次《つぎ》のうち、カルシウムが多《おお》くふくまれるのは？　①マグマ　②大理石《だいりせき》　③ダイヤモンド

第《だい》4周期《しゅうき》

21・スカンジウム【Sc】 22・チタン【Ti】

「スカンジウム」は存在量《そんざいりょう》が少《すく》なく、高価《こうか》な元素《げんそ》です。

スカンジウムを用《もち》いた「メタルハライドランプ」は、太陽光《たいようこう》に近《ちか》い光《ひかり》を発《はっ》するため、競技場《きょうぎじょう》に設置《せっち》される夜間照明《やかんしょうめい》や、イカつり漁船《ぎょせん》の集魚灯《しゅうぎょとう》などで使《つか》われています※。

一方《いっぽう》、「チタン」は軽《かる》い、がんじょう、さびにくいなどの特徴《とくちょう》をもつことから、メガネフレームやゴルフクラブ、飛行機《ひこうき》のエンジンの部品《ぶひん》などに利用《りよう》されています。

また、チタンは「酸化《さんか》チタン」という化合物《かごうぶつ》になると、「太陽光《たいようこう》（紫外線《しがいせん》）を浴《あ》びると、表面《ひょうめん》についた有害物質《ゆうがいぶっしつ》を分解《ぶんかい》する」「水《みず》がなじみやすくなり、よごれが洗《あら》い流《なが》される」という力《ちから》を、はっきりするようになります。

このような特徴《とくちょう》から、酸化《さんか》チタンを使《つか》った窓《まど》ガラスや、住宅《じゅうたく》のかべにぬる塗料《とりょう》、トイレの床材《ゆかざい》などが開発《かいはつ》されています。

※近年《きんねん》は、どちらもLED《エルイーディ》照明《しょうめい》に置《お》きかわりつつある。

ハカセMEMO《メモ》!

走行性《そうこうせい》

生《い》きものには、光《ひかり》に向《む》かって進《すす》む「走《そう》行性《こうせい》」という習性《しゅうせい》をもつものがいるのじゃ。たとえば、イカやサンマは「青《あお》色《いろ》の光《ひかり》」、昆虫《こんちゅう》の多《おお》くは「紫外線《しがいせん》」に向《む》かって進《すす》むゾ。蛍光灯《けいこうとう》の光《ひかり》には紫外線《しがいせん》がふくまれるが、LED《エルイーディ》照明《しょうめい》の光《ひかり》にはほぼふくまれないので、LED《エルイーディ》照明《しょうめい》には昆虫《こんちゅう》が寄《よ》ってきにくいのじゃ。

なるほど理系脳《りけいのう》クイズ！

チタンという元素名《げんそめい》の由来《ゆらい》は？　①ギリシャ神話《しんわ》に登場《とうじょう》する巨人《きょじん》　②惑星《わくせい》の名前《なまえ》

第《だい》4周期《しゅうき》

23・バナジウム【V】

かたさを授《さず》ける

「バナジウム」は、褐鉛鉱《かつえんこう》という鉱石《こうせき》に多《おお》くふくまれます。やわらかい金属元素《きんぞくげんそ》ですが、鉄《てつ》にまぜると「バナジウム鋼《こう》」という、非常《ひじょう》にかたい合金《ごうきん》ができます。

バナジウム鋼《こう》は、すり減《へ》りにくいので、たとえば橋《はし》や、建物《たてもの》の鉄筋《てっきん》、ドリル・スパナなどの工具《こうぐ》、飛行機《ひこうき》のエンジンのパーツ（ファンブレードなど）に使《つか》われます。

バナジウムは近年《きんねん》、太陽光《たいようこう》発電《はつでん》や風力発電《ふうりょくはつでん》などで得《え》られた電気《でんき》をためておく蓄電池《ちくでんち》での利用《りよう》に、注目《ちゅうもく》が集《あつ》まっています。バナジウムを使《つか》った蓄《ちく》電池《でんち》は「レドックスフロー電《でん》池《ち》」（RFB）とよばれ、安全《あんぜん》性《せい》が高《たか》く（発火《はっか》や爆発《ばくはつ》の危険《きけん》性《せい》がない）、長寿命《ちょうじゅみょう》であることが特徴《とくちょう》です。現在《げんざい》、実用化《じつようか》に向《む》けて、開発《かいはつ》が進《すす》められています。

クイズの答《こた》え：P71➡①

第《だい》4周期《しゅうき》

24・クロム【Cr】

自然界《しぜんかい》に広《ひろ》く存在《そんざい》する

「クロム」は、自然界《しぜんかい》に広《ひろ》く存在《そんざい》する元素《げんそ》です。あおさ、のり、落花生《らっかせい》、玄米《げんまい》などにふくまれ、人間《にんげん》が必要《ひつよう》とする栄養素《えいようそ》のひとつでもあります。

クロムから人工的《じんこうてき》につくられた「六価《ろっか》クロム」は、めっきなどに使《つか》われます。「めっき」とは、製品《せいひん》の表面《ひょうめん》に、うすい金属《きんぞく》の膜《まく》をつける処理《しょり》のことです。表面《ひょうめん》を美《うつく》しく見《み》せる、さびを防《ふせ》ぐなどのメリットがあります。

六価《ろっか》クロムには毒性《どくせい》があることが知《し》られていますが、めっきをほどこしたあとの製品《せいひん》に〝毒《どく》〟が残《のこ》ることはありません。

なるほど理系脳《りけいのう》クイズ！

次《つぎ》のうち、クロムをふくむ食品《しょくひん》は？　①テングサ（寒天《かんてん》の材料《ざいりょう》）　②クズ（葛餅《くずもち》の材料《ざいりょう》）

乾《かん》電《でん》池《ち》でおなじみの 25・マンガン【Mn】

★マンガン電池《でんち》のしくみ

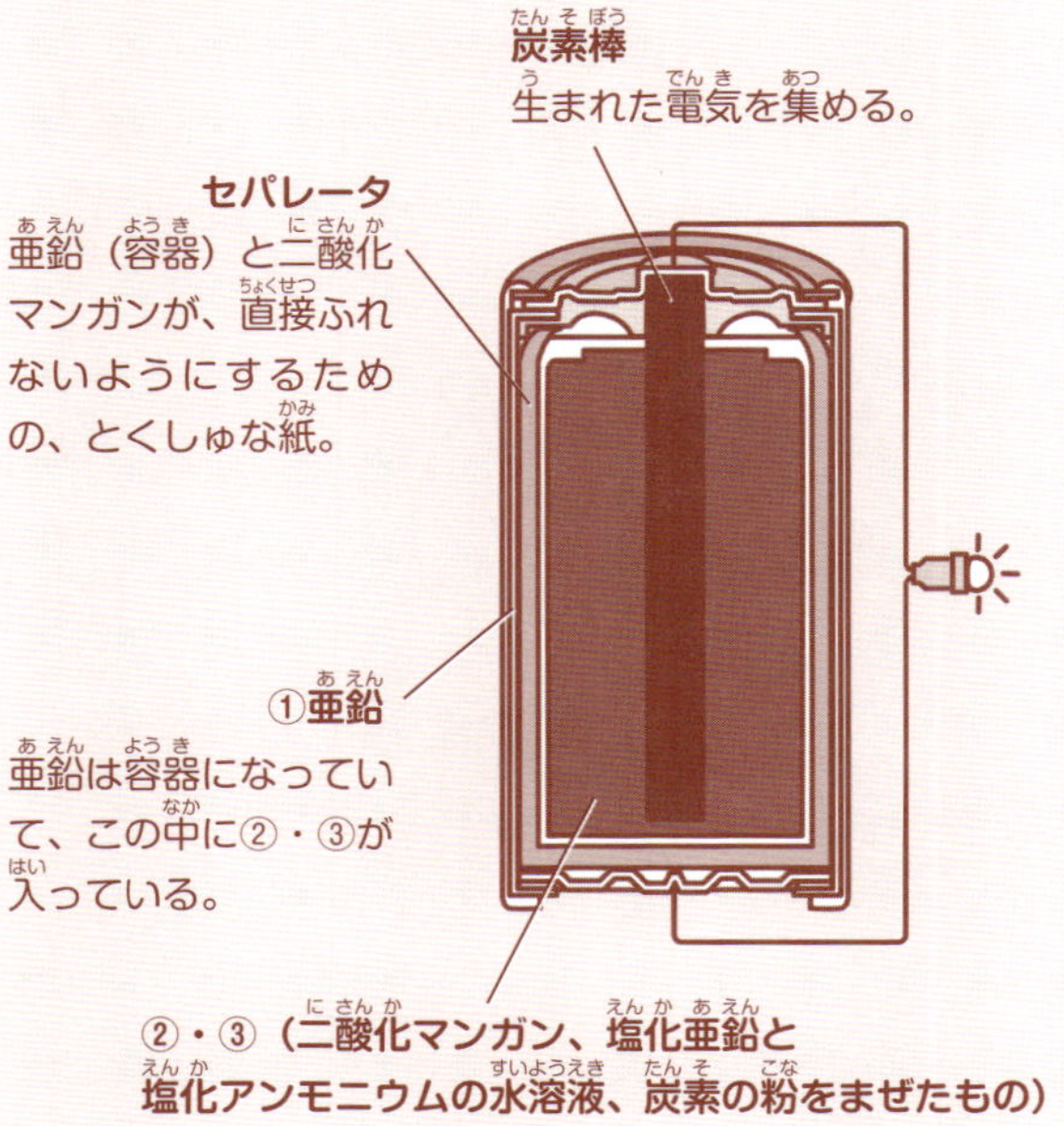

「マンガン」は、マンガン乾電池《かんでんち》に使《つか》われています。

68ページに登場《とうじょう》したダニエル電《でん》池《ち》は、①マイナス極《きょく》が「亜鉛《あえん》の板《いた》」、②プラス極《きょく》が「銅《どう》の板《いた》」、③電解液《でんかいえき》は「硫酸銅水溶液《りゅうさんどうすいようえき》」または「硫酸《りゅうさん》亜鉛水溶液《あえんすいようえき》」でした。

これらを、①「亜鉛《あえん》の容器《ようき》」、②「二酸化《にさんか》マンガン」、③「塩化亜鉛《えんかあえん》と塩化《えんか》アンモニウムの水溶液《すいようえき》」に置《お》きかえたのが、マンガン乾電池《かんでんち》です。

ちなみに、アルカリ電池《でんち》の〝アルカリ〟は、元素名《げんそめい》ではなく、電《でん》解液《かいえき》が「アルカリ性《せい》」という性質《せいしつ》をもつためです。

クイズの答《こた》え：P73➡①（100グラムあたり、39マイクログラム）

第《だい》4周期《しゅうき》

暮《く》らしや社会《しゃかい》を支《ささ》える

26・鉄《てつ》【Fe】

「鉄《てつ》」はベースメタル（↓46ページ）のひとつです。鉄《てつ》に炭素《たんそ》をまぜた「スチール」（鋼《はがね》）は、飲料《いんりょう》のかんや自動車《じどうしゃ》のボディをはじめ、広《ひろ》く使《つか》われています。

また、鉄《てつ》（鉄《てつ》イオン）は、レバーやホウレンソウなどの食品《しょくひん》に多《おお》くふくまれます。これらを食《た》べることで体内《たいない》に取《と》りこまれた鉄《てつ》は、さまざまなはたらきにかかわります。

体内《たいない》では、鉄《てつ》は主《おも》に赤血球《せっけっきゅう》にふくまれる「ヘモグロビン」という物質中《ぶっしつちゅう》に存在《そんざい》します。ヘモグロビンには、酸素《さんそ》（O_2）が多《おお》くある場所《ばしょ》では「酸素《さんそ》と結《むす》びつく」、酸素《さんそ》の少《すく》ない場《ば》所《しょ》では「酸素《さんそ》をはなす」という性質《せいしつ》があります。これにより、ヘモグロビンは、肺《はい》で酸素《さんそ》を受《う》け取《と》り、それを全身《ぜんしん》（の細胞《さいぼう》）に運《はこ》んでいます。

体内《たいない》ではたらく鉄《てつ》

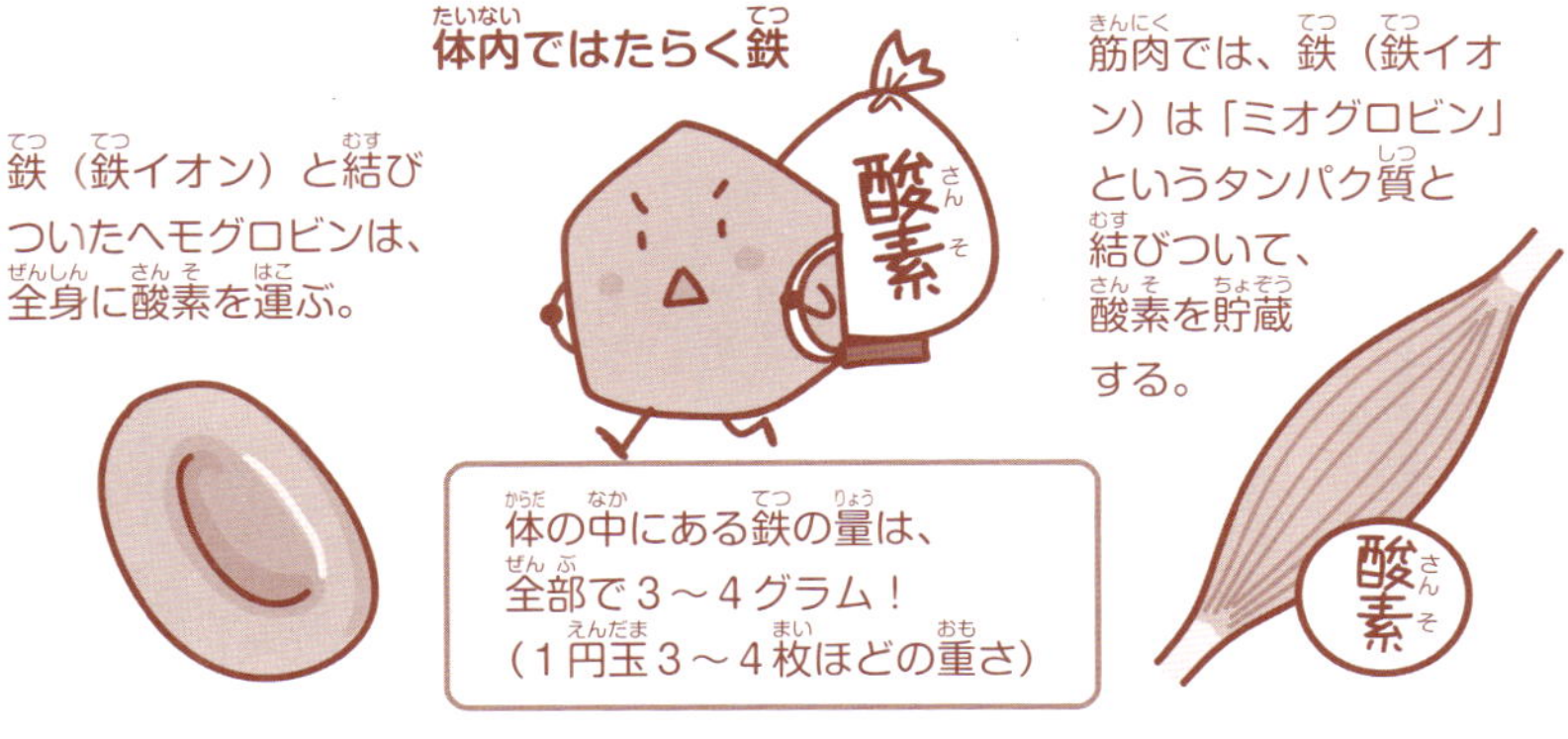

なるほど理系脳《りけいのう》クイズ！
鉄《てつ》は、いつから使用《しよう》されているといわれている？　①16世紀《せいき》ごろ　②紀元前《きげんぜん》5000年《ねん》ころ

第《だい》4周期《しゅうき》

27・コバルト【Co】
28・ニッケル【Ni】

左《ひだり》ページの写真《しゃしん》は、ナミビアにある「ホバいん石《せき》」です。大《おお》きさは縦横約《たてよこやく》2.7メートル、高《たか》さ約《やく》0.9メートル、重《おも》さは約《やく》60トンで、8万《まん》年《ねん》ほど前《まえ》に宇宙《うちゅう》から飛《と》んできたと考《かんが》えられています。主《おも》な成分《せいぶん》は鉄《てつ》ですが、「ニッケル」や「コバルト」などの元素《げんそ》もふくまれます※。

ニッケルは、身近《みぢか》なところでは100円玉《えんだま》の原料《げんりょう》として、また、コバルトは陶器《とうき》やガラスを青《あお》く着《ちゃく》色《しょく》する着色剤《ちゃくしょくざい》として、古《ふる》くから利《り》用《よう》されています。

ニッケルとコバルトは、リチウムイオン電池《でんち》の電極《でんきょく》にも使《つか》われます。ただし、どちらも生産国《せいさんこく》が限《かぎ》られること（ニッケル…インドネシアなど、コバルト…コンゴ民主《みんしゅ》共和国《きょうわこく》など）、また、世界中《せかいじゅう》で買《か》い求《もと》める人《ひと》がふえて、これらの価《か》格《かく》が上《あ》がりつづけていることから、ニッケルとコバルトを使《つか》わないリチウムイオン電池《でんち》も開発《かいはつ》されています。

※鉄《てつ》が約《やく》80%《パーセント》、ニッケルが約《やく》16%《パーセント》。これらのほかに、コバルト、炭素《たんそ》、クロムなどをふくむ。

ハカセMEMO《メモ》！

古伊万里《こいまり》とコバルト

佐賀県伊万里市《さがけんいまりし》でつくられる磁器《じき》を「伊万里焼《いまりやき》」というのじゃ。これに対《たい》し、江戸時代《えどじだい》に肥前国《ひぜんのくに》（現在《げんざい》の佐賀県《さがけん》と長崎県《ながさきけん》）で焼《や》かれた磁器《じき》は「古伊万里《こいまり》」とよばれるゾ。古伊万里《こいまり》は、コバルトを使《つか》ってつけられた、落《お》ち着《つ》いた青色《あおいろ》の模様《もよう》（染付《そめつけ》）が特徴《とくちょう》じゃ。

Ni
ニッケル

ホバいん石《せき》のように、そのほとんどが鉄《てつ》やニッケルでできているいん石《せき》を「いん鉄《てつ》」とよぶよ。古代《こだい》エジプトでは、いん鉄《てつ》を加工《かこう》してアクセサリーや武器《ぶき》などをつくっていたんだって！

Co
コバルト

電気自動車《でんきじどうしゃ》

プラス極《きょく》に、コバルトやニッケルを使《つか》わない「LFP電池《でんち》」（リン酸《さん》鉄《てつ》リチウムイオン電池《でんち》）や、「LMFP電池《でんち》」（リン酸《さん》マンガン鉄《てつ》リチウムイオン電池《でんち》）を採用《さいよう》する電気自動車《でんきじどうしゃ》もふえている。

なるほど理系脳《りけいのう》クイズ！

ニッケルが使《つか》われていないのは？　①5円玉《えんだま》　②50円玉《えんだま》　③100円玉《えんだま》

第《だい》4
周期《しゅうき》

29・銅《どう》【Cu】 30・亜鉛《あえん》【Zn】

「銅《どう》」は、人類《じんるい》が古《ふる》くから生活《せいかつ》に取《と》り入《い》れてきた元素《げんそ》のひとつです。

銅《どう》にスズをまぜると、「青銅《せいどう》」（ブロンズ）という、銅《どう》よりかたい合金《ごうきん》ができます。青銅《せいどう》は、銅《どう》よりも低《ひく》い温度《おんど》（弱《よわ》い火力《かりょく》）でとけて加工《かこう》がしやすいため、今《いま》から約《やく》2300年前《ねんまえ》の弥生時代中期以降《やよいじだいちゅうきいこう》、さまざまな「青銅器《せいどうき》」がつくられてきました。

ちなみに現代《げんだい》では、銅《どう》は「よくのびる」「熱《ねつ》や電気《でんき》を伝《つた》えやすい※」といった特徴《とくちょう》から、調理器具《ちょうりきぐ》や電線《でんせん》などに利用《りよう》されています。

一方《いっぽう》、「亜鉛《あえん》」は、金管楽器《きんかんがっき》の素材《そざい》（↓22ページ）や、乾電池《かんでんち》の電極《でんきょく》などに使《つか》われます。

また、亜鉛《あえん》は、人間《にんげん》が生《い》きるうえで欠《か》かせない元素《げんそ》（栄養素《えいようそ》）のひとつでもあります。体内《たいない》にある200種類以上《しゅるいいじょう》のタンパク質《しつ》や酵素《こうそ》にふくまれ、体内《たいない》のさまざまな反応《はんのう》や、味《あじ》を感《かん》じ取《と》る「味覚《みかく》」にかかわったりしています。

※熱《ねつ》や電気《でんき》の伝導率《でんどうりつ》が、金属《きんぞく》のなかで2番目《ばんめ》（1番《ばん》は銀《ぎん》）。

ハカセMEMO《メモ》!

自由電子《じゆうでんし》

金属《きんぞく》は基本的《きほんてき》に、原子《げんし》が規則正《きそくただ》しく並《なら》んだ「結晶構造《けっしょうこうぞう》」となっているゾ。結晶構造《けっしょうこうぞう》は、複数《ふくすう》の金属原子《きんぞくげんし》の間《あいだ》を動《うご》きまわる「自由電子《じゆうでんし》」によってつくられているのじゃ。金属《きんぞく》がもつ「力《ちから》を加《くわ》えるとのびる性質《せいしつ》」や「光沢《こうたく》」も、自由電子《じゆうでんし》がかかわっているゾ。

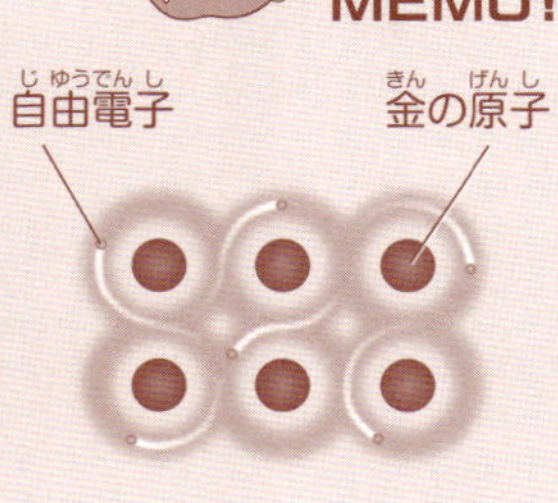

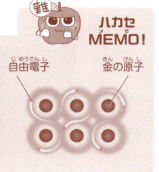

亜鉛《あえん》

Zn

亜鉛《あえん》という名前《なまえ》は、色《いろ》や形《かたち》が「鉛《なまり》」に似《に》ていたことに由来《ゆらい》する。

★亜鉛《あえん》がかかわる製品《せいひん》の例《れい》

金管楽器《きんかんがっき》

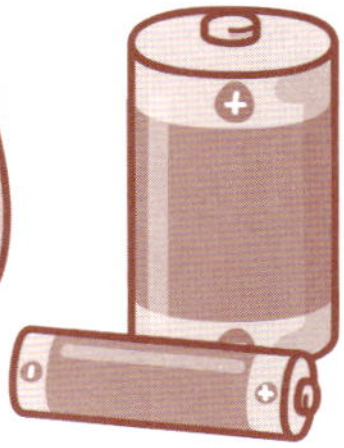

乾電池《かんでんち》

(←)奈良《なら》の大仏《だいぶつ》（東大《とうだい》寺《じ》盧舎那《るしゃな》仏像《ぶつぞう》）も、青銅《せいどう》を型《かた》に流《なが》しこんでつくられた。

銅《どう》とスズの合金《ごうきん》でつくられた「青銅器《せいどうき》」(→)

銅《どう》

Cu

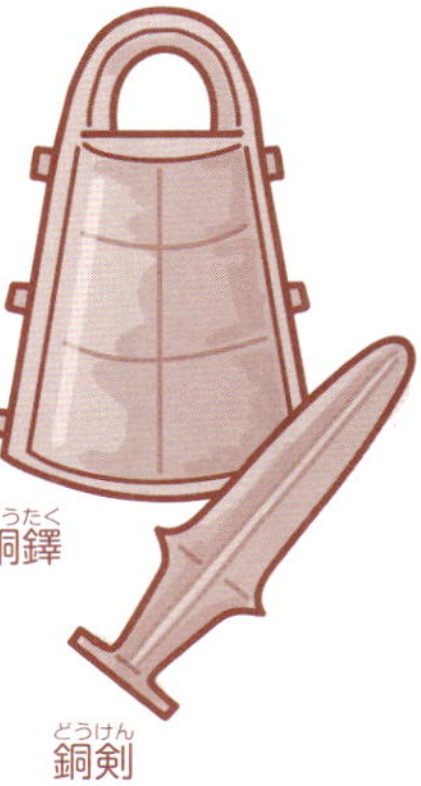

銅鐸《どうたく》

銅剣《どうけん》

なるほど理系脳《りけいのう》クイズ！

亜鉛《あえん》を多《おお》くふくむ食品《しょくひん》は？　①リンゴ　②カツオ　③牡蠣《かき》

第《だい》4周期《しゅうき》

31・ガリウム【Ga】32・ゲルマニウム【Ge】

指《ゆび》でこするだけで、スプーンを曲《ま》げるマジックを見《み》たことはありませんか? このマジックのトリックに使《つか》われることがあるのが「ガリウム」という金属元素《きんぞくげんそ》です。ガリウムは体温《たいおん》ほどの温度《おんど》でとけるため、スプーンをガリウムでつくればよいというわけです。

ガリウムはまた、照明《しょうめい》やモニターなどに使《つか》われる、LED《エルイーディ》(発光《はっこう》ダイオード)の原料《げんりょう》にもなっています。

「ゲルマニウム」は、サーモグラフィ用《よう》のカメラのレンズ(赤外線《せきがいせん》透過《とうか》レンズ)に使《つか》われます。

「サーモグラフィ」とは、物体《ぶったい》の表面温度《ひょうめんおんど》(赤外線《せきがいせん》)をカメラでとらえ、映像《えいぞう》や画像《がぞう》として映《うつ》しだすそうちのことです。ゲルマニウムには赤外線《せきがいせん》を吸収《きゅうしゅう》しない性質《せいしつ》があるので、このレンズを使《つか》えば、レンズのおくにあるセンサーに赤外線《せきがいせん》が届《とど》くというわけです。

ハカセMEMO《メモ》!

きっかけは「青色《あおいろ》LED《エルイーディ》」

赤《あか》・緑《みどり》・青《あお》を「光《ひかり》の三原色《さんげんしょく》」というゾ。この3色《しょく》があれば、ほとんどの色《いろ》をつくりだすことができるのじゃ。赤色《あかいろ》(黄色《きいろ》、黄緑色《きみどりいろ》など)のLED《エルイーディ》は、古《ふる》くからあったのじゃ。その後《ご》、1990年代《ねんだい》に青色《あおいろ》が発明《はつめい》され、それをもとに緑色《みどりいろ》や白色《しろいろ》が開発《かいはつ》されたことで、照明《しょうめい》やモニター(テレビやパソコンの画面《がめん》)など、さまざまな製品《せいひん》がつくられるようになったのじゃ。

クイズの答《こた》え:P79➡③

Ga
ガリウム

ガリウムは
金属《きんぞく》なのに29.8℃《ど》
(体温《たいおん》より低《ひく》い温度《おんど》)で
とけてしまう！

LED《エルイーディ》には、ガリウムと窒素《ちっそ》からなる「窒化《ちっか》ガリウム」や、ガリウム・窒素《ちっそ》・インジウムからなる「窒化《ちっか》インジウムガリウム」などが使《つか》われている。

Ge
ゲルマニウム

ゲルマニウムは
「サーモグラフィ」という
そうちのカメラのレンズに
使《つか》われている！
サーモグラフィ
カメラ

なるほど理系脳《りけいのう》クイズ！
青色《あおいろ》LED《エルイーディ》を発明《はつめい》したのは、どこの国《くに》の研究者《けんきゅうしゃ》？　①フランス　②アメリカ　③日本《にっぽん》

第《だい》4周期《しゅうき》

毒《どく》か薬《くすり》か… 33・ヒ素《そ》【As】

ヒ素《そ》は、魚介類《ぎょかいるい》、野菜《やさい》・海草類《かいそうるい》、米《こめ》などに、わずかにふくまれる。

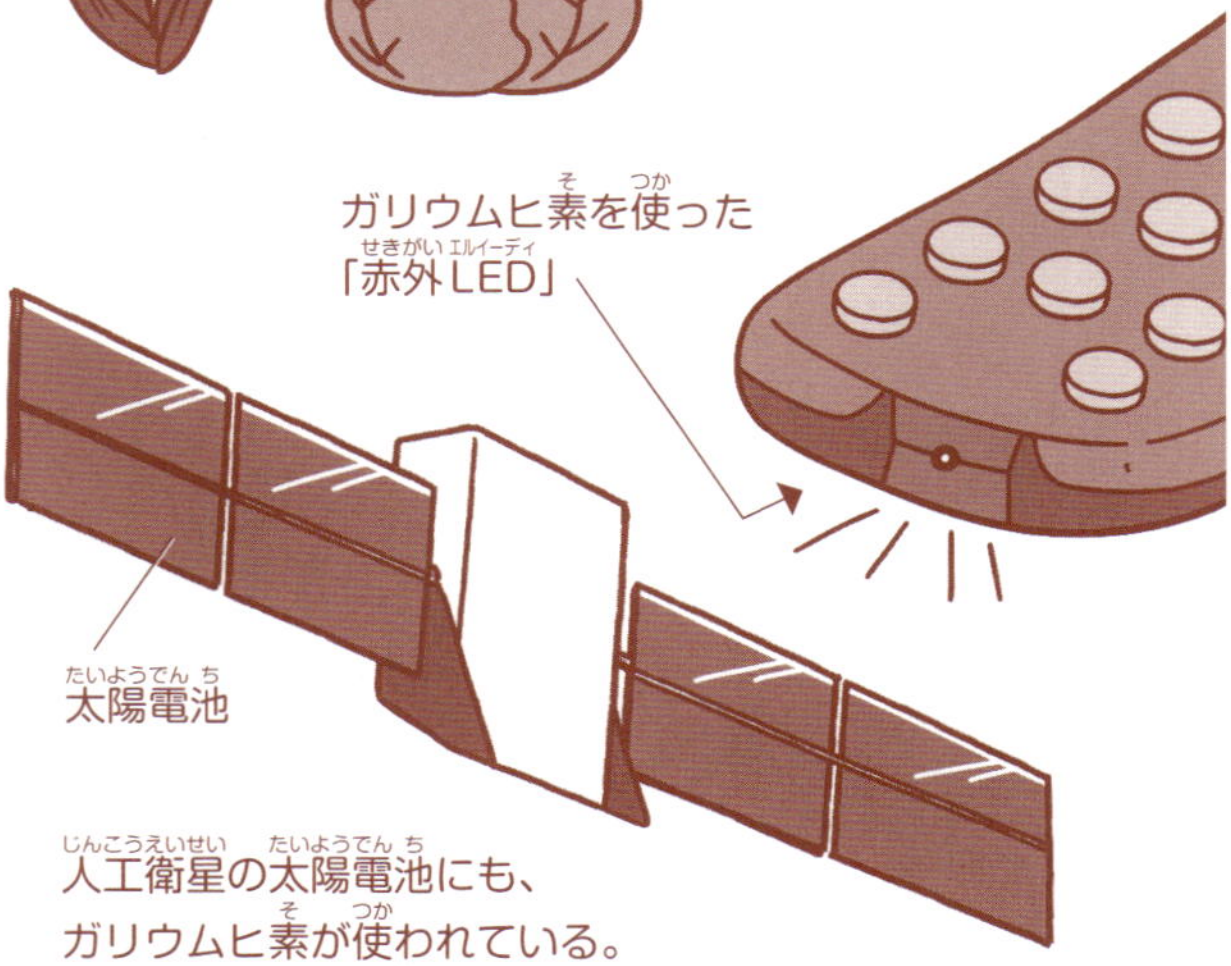

「ヒ素《そ》」は自然界《しぜんかい》に広《ひろ》く存在《そんざい》する元素《げんそ》で、私《わたし》たちが口《くち》にするさまざまな食品《しょくひん》にふくまれます。

ヒ素《そ》の化合物《かごうぶつ》である「亜《あ》ヒ酸《さん》」(三酸化《さんさんか》ヒ素《そ》)は古《ふる》くから毒物《どくぶつ》として知《し》られており、古代《こだい》ギリシャ・ローマ時代《じだい》には暗殺《あんさつ》に用《もち》いられたそうです。一方《いっぽう》で現代《げんだい》では、亜《あ》ヒ酸《さん》は「急性前骨髄球性白血病《きゅうせいぜんこつずいきゅうせいはっけつびょう》」という病気《びょうき》のちりょうに利用《りよう》されています。

また、身近《みぢか》なところでは、電化《でんか》製品《せいひん》のリモコンの頭についた「赤外《せきがい》LED《エルイーディ》」に、ガリウムとヒ素《そ》からなる「ガリウムヒ素《そ》」が使《つか》われています。

クイズの答《こた》え：P81➡③（赤崎《あかさき》 勇博士《いさむはくし》、天野《あまの》 浩博士《ひろしはくし》、中村修二博士《なかむらしゅうじはくし》）

第《だい》4周期《しゅうき》

34・セレン【Se】 赤色《あかいろ》のガラスを生《う》みだす♪

ガラスに「セレンとカドミウム」を加《くわ》えると…
→派手《はで》な赤色《あかいろ》

「銅《どう》」を加《くわ》えると…
→しぶい赤色《あかいろ》

「セレン」は、地球上《ちきゅうじょう》に存在《そんざい》する量《りょう》が少《すく》ない元素《げんそ》のひとつです。土《つち》や水《みず》にふくまれるため、野菜《やさい》や麦《むぎ》、マグロなどの魚《さかな》に、わずかにふくまれます。

セレンは鉄《てつ》や亜鉛《あえん》などと同《おな》じように、人間《にんげん》にとって必要《ひつよう》な元素《げんそ》のひとつとされていますが、とりすぎると害《がい》をおよぼします。

また、セレンとカドミウム（92ページに登場《とうじょう》）をふくむ「セレン赤《あか》」という着色剤《ちゃくしょくざい》は、ガラスの色《いろ》づけに使《つか》われます。セレン赤《あか》を使《つか》うと、派手《はで》な赤色《あかいろ》のガラスができあがります。

なるほど理系脳《りけいのう》クイズ！
ガラスに金《きん》を加《くわ》えると、何色《なにいろ》になる？　①紫《むらさき》　②ピンク

35・臭素《しゅうそ》【Br】くさいだけじゃない！

貝紫染《かいむらさきぞ》めのストール

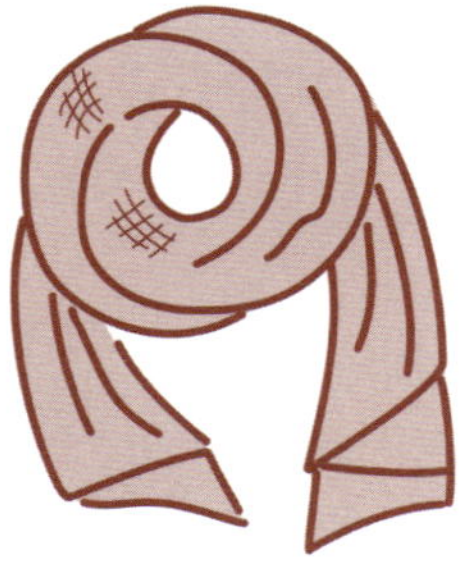

「貝紫《かいむらさき》」（チリアンパープル）とは、アカニシ貝《がい》やイボニシ貝《がい》などの巻貝《まきがい》からとれる染料《せんりょう》で、臭素《しゅうそ》をふくんでいるよ。貝紫《かいむらさき》を使《つか》った染《そ》め物《もの》「貝紫《かいむらさき》染《ぞ》め」は、約《やく》3600年前《ねんまえ》から存在《そんざい》するんだ。その美《うつく》しい色《いろ》や希少性《きしょうせい》から、当時《とうじ》は位《ぐらい》の高《たか》い人《ひと》しか身《み》につけることができなかったんだって。

「臭素《しゅうそ》」（臭素分子《しゅうそぶんし》：Br_2）は、室温《しつおん》では液体《えきたい》で存在《そんざい》します。赤褐色《せきかっしょく》をしていて、しげき臭《しゅう》がします。単体《たんたい》では自然界《しぜんかい》に存在《そんざい》せず、「臭化《しゅうか》マグネシウム」という化合物《かごうぶつ》として、海水《かいすい》などにわずかにふくまれます。

臭素《しゅうそ》と銀《ぎん》の化合物《かごうぶつ》を、「臭化銀《しゅうかぎん》」（シルバー・ブロマイド）といいます。芸能人《げいのうじん》の姿《すがた》が写《うつ》った写真《しゃしん》も「ブロマイド」とよばれることがありますが、これはモノクローム写真《しゃしん》が始《はじ》まったころ、フィルムカメラでさつえいした写真《しゃしん》を、臭化《しゅうか》銀《ぎん》を塗《ぬ》った「ブロマイド紙《し》」に焼《や》き付《つ》けていたことに由来《ゆらい》します。

第《だい》4周期《しゅうき》

36・クリプトン【Kr】

停電時《ていでんじ》にたよりになる・・・

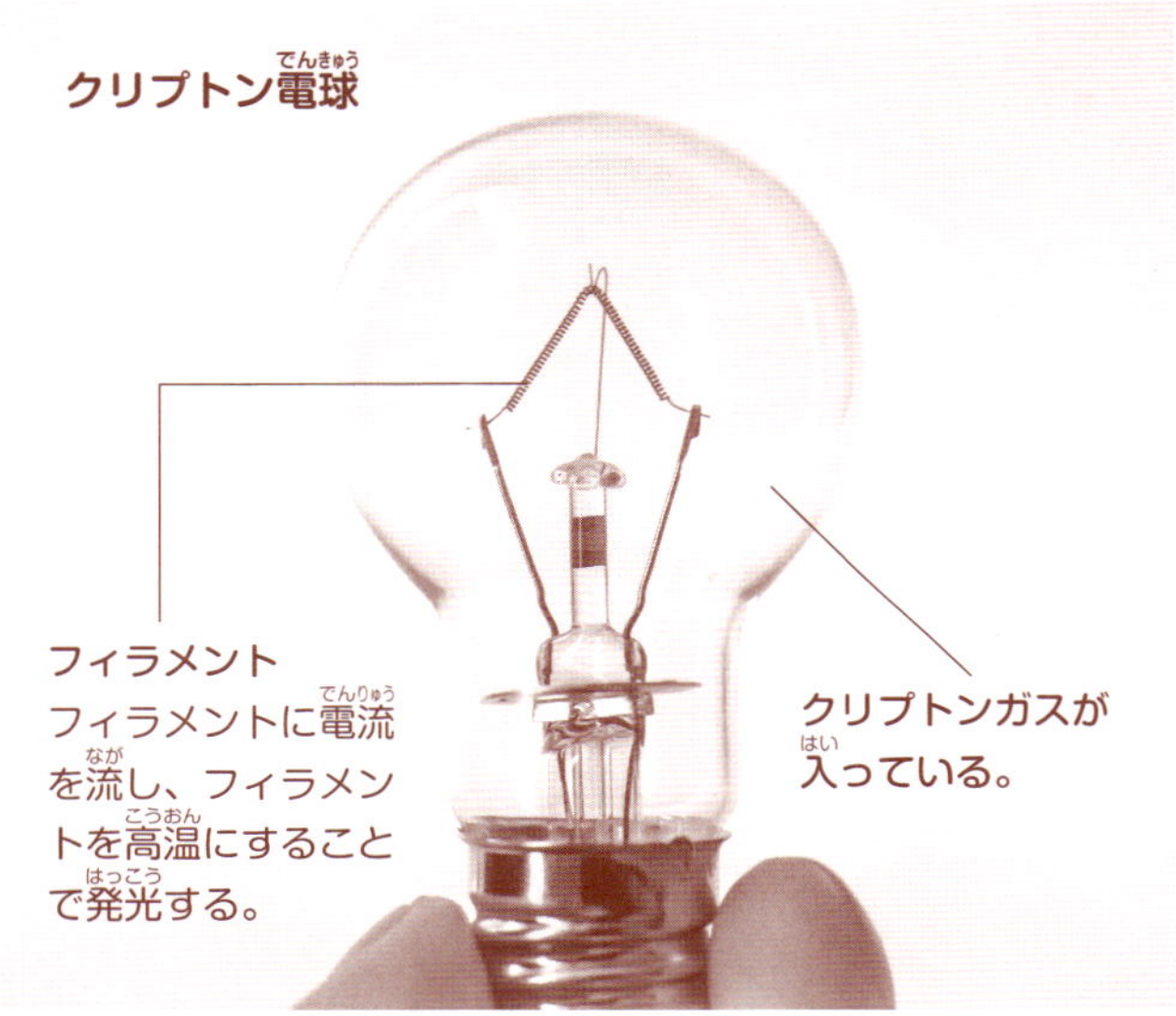

ヘリウム、ネオン、アルゴン、クリプトン、キセノン、ラドン、オガネソンは「貴《き》ガス」とよばれるよ。貴《き》ガス元素《げんそ》は、どんなものにも反応《はんのう》しにくい（例《れい》：火《ひ》を近《ちか》づけても燃《も》えない、化合物《かごうぶつ》をつくりにくい）という特徴《とくちょう》をもっているんだ。

建物《たてもの》には、災害《さいがい》などにより停電《ていでん》がおきたとき、室内《しつない》や通路《つうろ》を照《て》らし、ひなんや救助活動《きゅうじょかつどう》の手助《てだす》けをする「非常灯《ひじょうとう》」という照明器具《しょうめいきぐ》が取《と》りつけられています。

非常灯《ひじょうとう》には、「クリプトン球《きゅう》」という電球《でんきゅう》が使《つか》われる場合《ばあい》があります。名前《なまえ》からわかるように、この電球《でんきゅう》には「クリプトン」という元素《げんそ》のガス（クリプトンガス）が入《はい》っています。

クリプトンガスは、熱《ねつ》を伝《つた》えにくい、光《ひかり》を放《はな》つ部品《ぶひん》（フィラメント）を長持《ながも》ちさせる、などの特徴《とくちょう》をもっています。

なるほど理系脳《りけいのう》クイズ！

クリプトンが使《つか》われているものは？　①断熱《だんねつ》ガラス　②方位磁針《ほういじしん》　③柱時計《はしらどけい》

第《だい》5周期《しゅうき》の元素《げんそ》を
紹介《しょうかい》するのじゃ
元素《げんそ》について もっと知《し》りたい なぁ♪
でも ハカセは 出《で》かけてるし…
う〜ん…
どうした わあん？
つん
つん
なになに 第《だい》5周期《しゅうき》の 元素《げんそ》について 教《おし》えて あげよう かって？
Rb Sr Y Zr Nb Mo Tc Ru Rh Pd Ag Cd In Sn Sb Te I Xe
イイね！
でも オマエ くわしいの？
わあん♡
チリーン♪

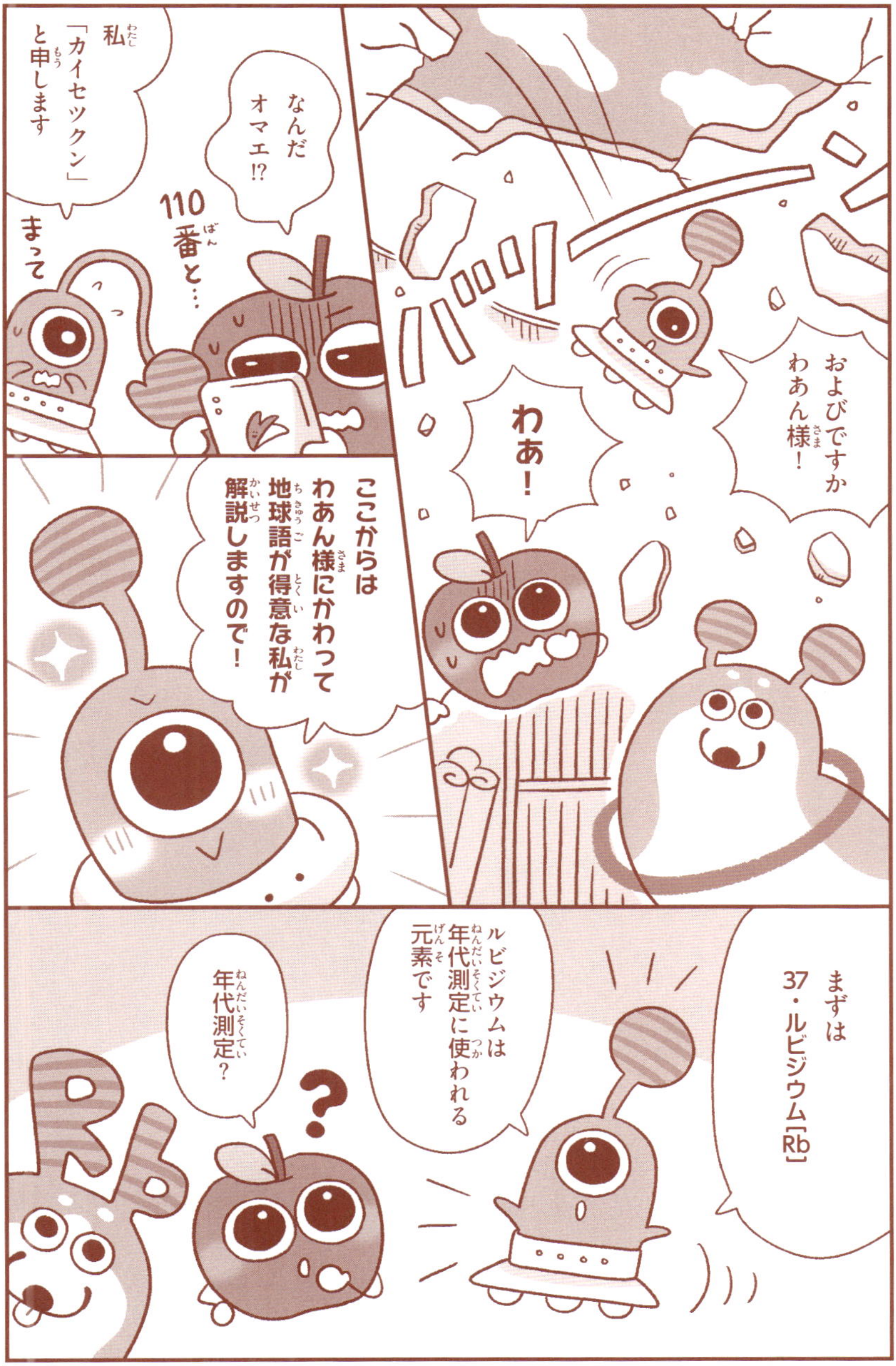
バッ
わあ!
およびですか
わあん様《さま》!
なんだ
オマエ!?
110
番《ばん》と…
まって
私《わたし》
「カイセックン」
と申《もう》します
ここからは
わあん様《さま》にかわって
地球語《ちきゅうご》が得意《とくい》な私《わたし》が
解説《かいせつ》しますので!
まずは
37・ルビジウム[Rb]
ルビジウムは
年代測定《ねんだいそくてい》に使《つか》われる
元素《げんそ》です
?
年代測定《ねんだいそくてい》?

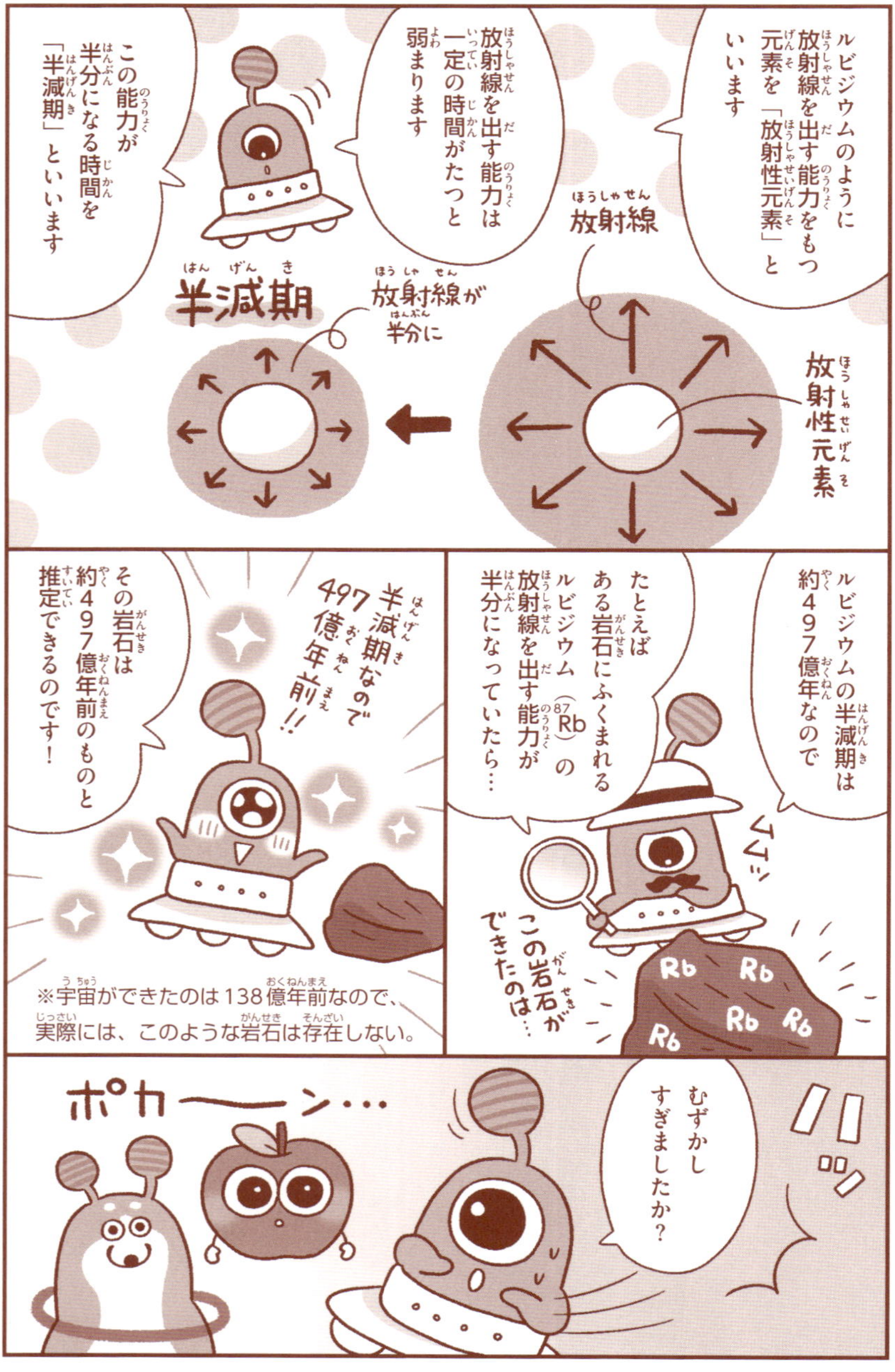
ルビジウムのように放射線《ほうしゃせん》を出《だ》す能力《のうりょく》をもつ元素《げんそ》を「放射性元素《ほうしゃせいげんそ》」といいます
放射線《ほうしゃせん》を出《だ》す能力《のうりょく》は一定《いってい》の時間《じかん》がたつと弱《よわ》まります
この能力《のうりょく》が半分《はんぶん》になる時間《じかん》を「半減期《はんげんき》」といいます
放射線《ほうしゃせん》
放射性元素《ほうしゃせいげんそ》
放射線《ほうしゃせん》が半分《はんぶん》に
半減期《はんげんき》
ルビジウムの半減期《はんげんき》は約《やく》４９７億年《おくねん》なので
たとえばある岩石《がんせき》にふくまれるルビジウム（87Rb）の放射線《ほうしゃせん》を出《だ》す能力《のうりょく》が半分《はんぶん》になっていたら…
ムムッ
この岩石《がんせき》ができたのは…
Rb
半減期《はんげんき》なので497億年前《おくねんまえ》!!
その岩石《がんせき》は約《やく》４９７億年前《おくねんまえ》のものと推定《すいてい》できるのです！
※宇宙《うちゅう》ができたのは138億年前《おくねんまえ》なので、実際《じっさい》には、このような岩石《がんせき》は存在《そんざい》しない。
むずかしすぎましたか？
ポカーーン…
ハッ

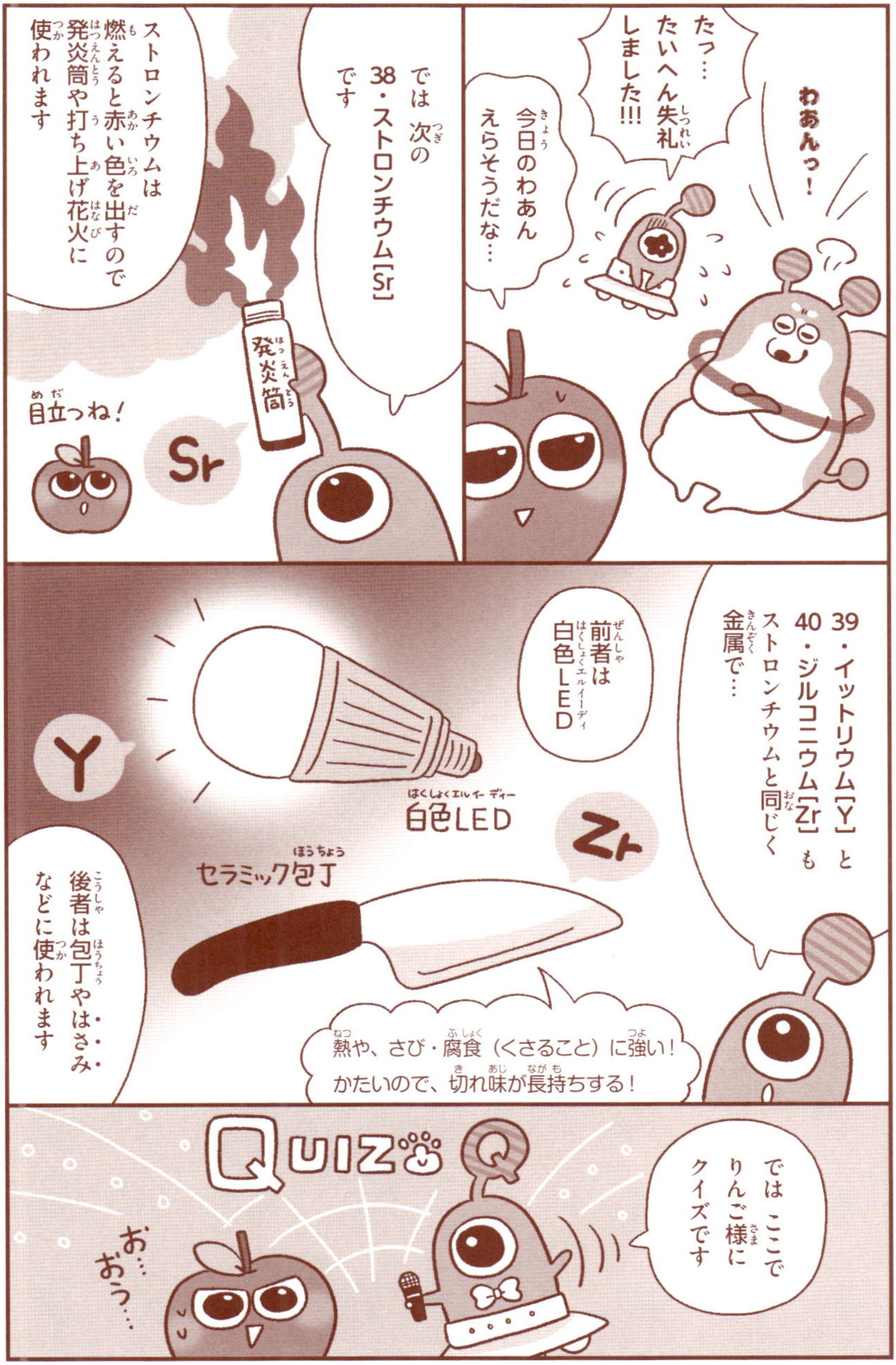
わあんっ!
たっ…たいへん失礼《しつれい》しました!!!
今日《きょう》のわあんえらそうだな…
では 次《つぎ》の38・ストロンチウム［Sr］です
ストロンチウムは燃《も》えると赤《あか》い色《いろ》を出《だ》すので発炎筒《はつえんとう》や打《う》ち上《あ》げ花火《はなび》に使《つか》われます
発炎筒《はつえんとう》
Sr
目立《めだ》つね!
39・イットリウム［Y］と40・ジルコニウム［Zr］もストロンチウムと同《おな》じく金属《きんぞく》で…
前者《ぜんしゃ》は白色《はくしょく》LED《エルイーディ》
Y
白色LED《はくしょくエルイーディー》
Zr
セラミック包丁《ほうちょう》
後者《こうしゃ》は包丁《ほうちょう》やはさみ・・・などに使《つか》われます
熱《ねつ》や、さび・腐食《ふしょく》（くさること）に強《つよ》い!
かたいので、切《き》れ味《あじ》が長持《ながも》ちする!
QUIZ
Q
では ここでりんご様《さま》にクイズです
お…おう…

次《つぎ》の元素《げんそ》と乗《の》り物《もの》を組《く》み合《あ》わせてください！
41・ニオブ[Nb]
42・モリブデン[Mo]
45・ロジウム[Rh]
46・パラジウム[Pd]
航空機《こうくうき》やロケット
リニアモーターカー
自動車《じどうしゃ》
ちなみに自動車《じどうしゃ》の元素《げんそ》は2個《こ》あります
そうだなァ…
う〜ん…
ブブー！時間切《じかんぎ》れです
?
シンキングタイム短《みじか》いだろ！
正解《せいかい》はこうでした♪
41・ニオブ[Nb]
42・モリブデン[Mo]
45・ロジウム[Rh]
46・パラジウム[Pd]
航空機《こうくうき》やロケットの部品《ぶひん》
リニアモーターカーの「超電導磁石《ちょうでんどうじしゃく》」
S N
自動車《じどうしゃ》の排《はい》ガスから有害《ゆうがい》な物質《ぶっしつ》を取《と》り除《のぞ》く「触媒《しょくばい》」
当《あ》てられそうだったのに

簡単《かんたん》に正解《せいかい》されて
わあん様《さま》にはじを
かかせるわけにはいきませんので！
じー…
ボソ…
次《つぎ》に
43・テクネチウム[Tc]と
44・ルテニウム[Ru]
ですが—…
あーはいはい！
知《し》ってる
知《し》ってます♪
テレビで見《み》たこと
あるからね！
ぐいっ
テクネチウムは
はじめて人工的《じんこうてき》に
つくりだされた元素《げんそ》※で…
ルテニウムは
ハードディスクに
使《つか》われてる元素《げんそ》だろっ？
ぐい
ぐい
パソコン
Ru
ハードディスク
（データを記録《きろく》するパーツ）
※118ページに登場《とうじょう》するよ！
まあまあ
そんなに
熱《あつ》くならずに…
フン
焼《や》きりんごに
なっちゃいますよ
イラァ…
ウン
ウン

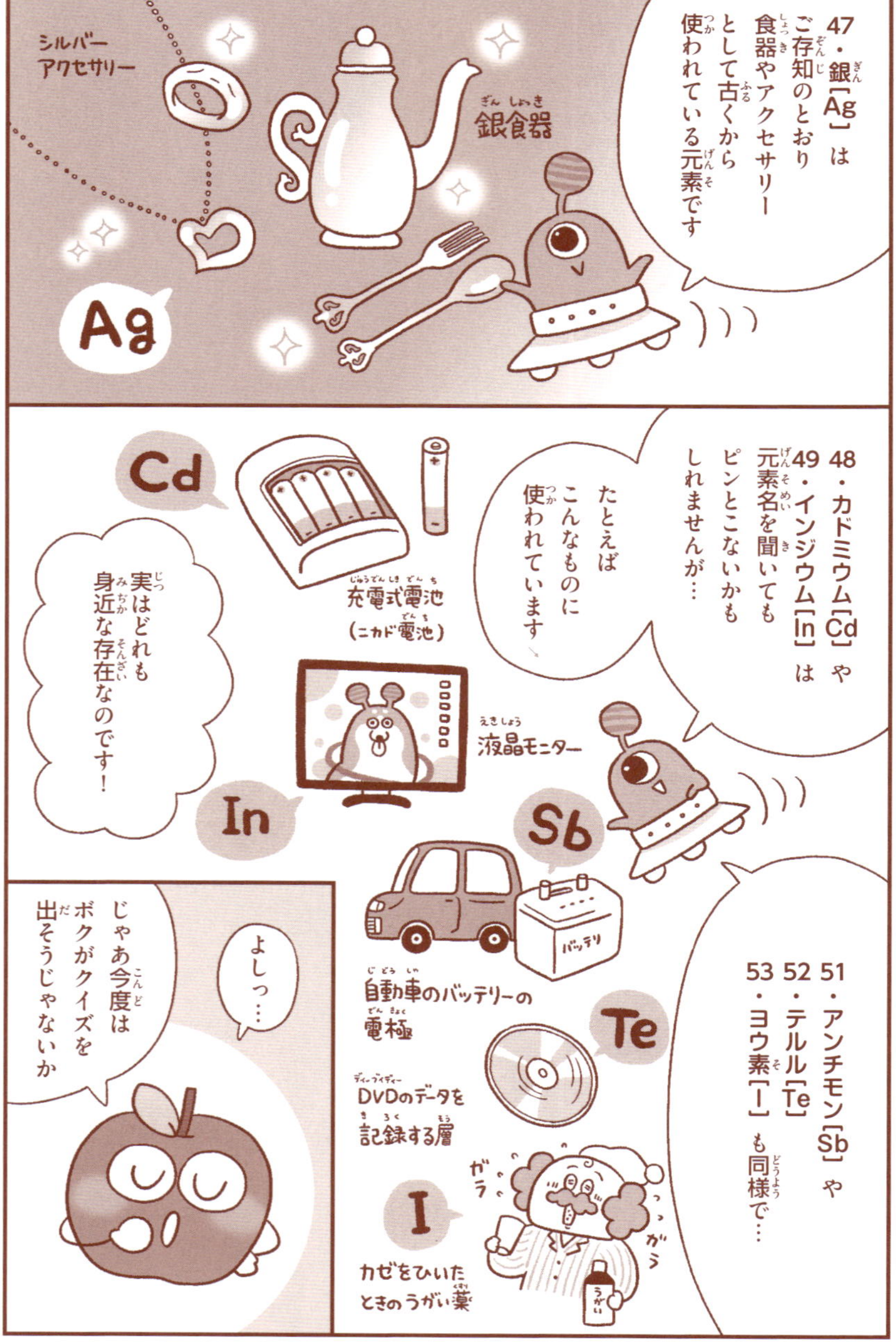

47・銀《ぎん》［Ag］は
ご存知《ぞんじ》のとおり
食器《しょっき》やアクセサリー
として古《ふる》くから
使《つか》われている元素《げんそ》です
銀食器《ぎんしょっき》
シルバーアクセサリー
Ag
48・カドミウム［Cd］や
49・インジウム［In］は
元素名《げんそめい》を聞《き》いても
ピンとこないかも
しれませんが…
たとえば
こんなものに
使《つか》われています
Cd
充電式電池《じゅうでんしきでんち》
（ニカド電池《でんち》）
実《じつ》はどれも
身近《みぢか》な存在《そんざい》なのです！
液晶《えきしょう》モニター
In
Sb
バッテリ
自動車《じどうしゃ》のバッテリーの
電極《でんきょく》
51・アンチモン［Sb］や
52・テルル［Te］
53・ヨウ素《そ》［I］も同様《どうよう》で…
Te
DVD《ディーブイディー》のデータを
記録《きろく》する層《そう》
I
カゼをひいた
ときのうがい薬《ぐすり》
ガラ
ガラ
うがい
じゃあ今度《こんど》は
ボクがクイズを
出《だ》そうじゃないか
よしっ…

次《つぎ》の像《ぞう》のうち 50・スズ[Sn]と銅《どう》の合金《ごうきん》である「青銅《せいどう》」でつくられているのはどれでしょう？
自由《じゆう》の女神像《めがみぞう》（アメリカ・ニューヨーク）
西郷隆盛像《さいごうたかもりぞう》（東京《とうきょう》・上野《うえの》、鹿児島《かごしま》）
モアイ像《ぞう》（チリ・イースター島《とう》）
あー なるほど 西郷隆盛像《さいごうたかもりぞう》ですね
スマホで調《しら》べたら正解《せいかい》するに決《き》まってるだろ！
私《わたし》が答《こた》えられないことでわあん様《さま》にはじをかかせるわけにはいきませんので！
ボソ…
あ〜そう…
ちなみに 54・キセノン[Xe]は…
小惑星探査機《しょうわくせいたんさき》「はやぶさ2」にとうさいされる「イオンエンジン」の推進剤《すいしんざい》※として使《つか》われています
Xe
へ〜
※燃料《ねんりょう》にあたるもの。

第《だい》5周期《しゅうき》の元素《げんそ》のことよくわかりましたか？
わあん？
まぁね
…じゃあ最後《さいご》にもう1問《もん》クイズを出《だ》そうかな
いいですよ！
ギクッ
オマエが天井《てんじょう》にあけたこの穴《あな》を見《み》てハカセは何《なん》と言《い》うでしょう？
ピューーン
あっ…にげた！
わあん!!
？
みやげ
ただいまーなのじゃ！

5 章《しょう》

元素《げんそ》のことを、もっともっと知《し》りたい！

1 よく耳《みみ》にするけれど… 「レアメタル」って何《なに》？

日本《にっぽん》では1980年代《ねんだい》に、経済《けいざい》産業省《さんぎょうしょう》が47種類《しゅるい》の元素《げんそ》を「レアメタル」とよぶことに決《き》めました。

"レア"とは希少《きしょう》という意味《いみ》です。つまり、レアメタルとは「存在《そんざい》する量《りょう》が少《すく》なくて、めずらしい元素《げんそ》」のことをさします。

ただし例外《れいがい》もあります。たとえば、「バナジウム」は銅《どう》よりも地中《ちちゅう》（地殻中《ちかくちゅう》）に多《おお》く存在《そんざい》しますが、銅《どう》よりも広《ひろ》く、少量《しょうりょう》ずつ散《ち》らばっているため（＝入手《にゅうしゅ》しにくい）、レアメタルとされています。

また、「チタン」のように、鉱石《こうせき》から取《と》りだすのに手間《てま》（時間《じかん》やコスト）がかかる元素《げんそ》も、レアメタルとよばれます。そのような意味《いみ》では、「アルミニウム」も、昔《むかし》はレアメタルのひとつでした。しかし、効率《こうりつ》のよい精錬方法《せいれんほうほう》が確立《かくりつ》されたことで、現在《げんざい》はレアメタルを卒業しています。

ハカセ MEMO《メモ》!

レアアース（希土類元素《きどるいげんそ》）

47種類《しゅるい》のレアメタルのうち、「希土類《きどるい》元素《げんそ》」とよばれる17種類《しゅるい》を「レアアース」というゾ。より具体的《ぐたいてき》には、周期《しゅうき》表《ひょう》で3族《ぞく》にある、スカンジウム（Sc）、イットリウム（Y）、そして「ランタノイド」とよばれる15種類《しゅるい》の元素《げんそ》じゃ。ランタノイドについては、6章《しょう》のマンガコラム（128ページ）で紹介《しょうかい》するゾ。

早《はや》わかり！ レアメタル

レアメタルとは…

ただし
例外《れいがい》もあるよ

存在《そんざい》する量《りょう》が少《すく》なくて
めずらしい元素《げんそ》のこと！

地殻中《ちかくちゅう》に多《おお》くあるが、散《ち》らばって
存在《そんざい》するため、入手《にゅうしゅ》しにくい元素《げんそ》

例《れい》：バナジウム（V）、
ゲルマニウム（Ge）など

取《と》りだすのに
手間《てま》がかかる元素《げんそ》

例《れい》：チタン（Ti）など

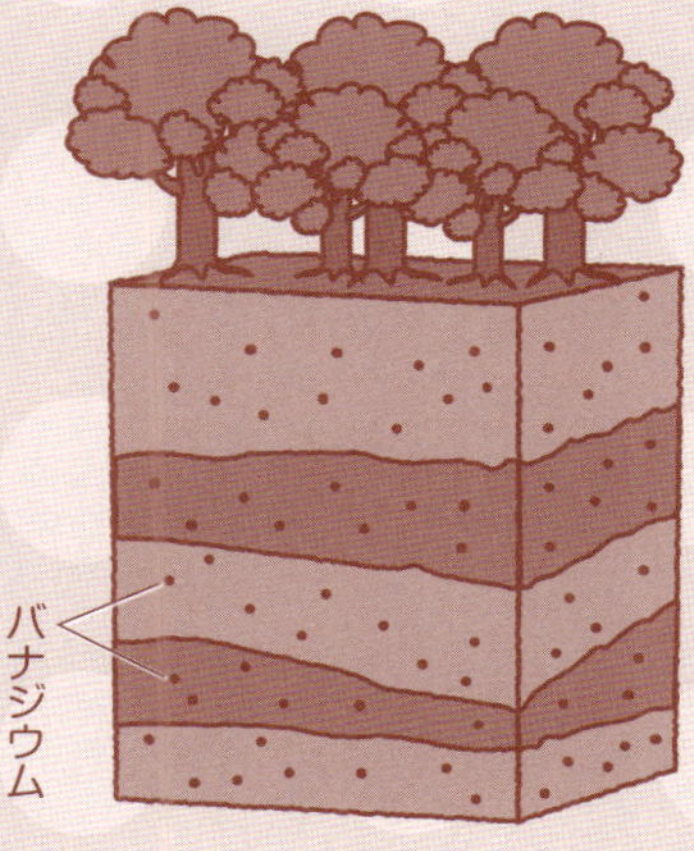

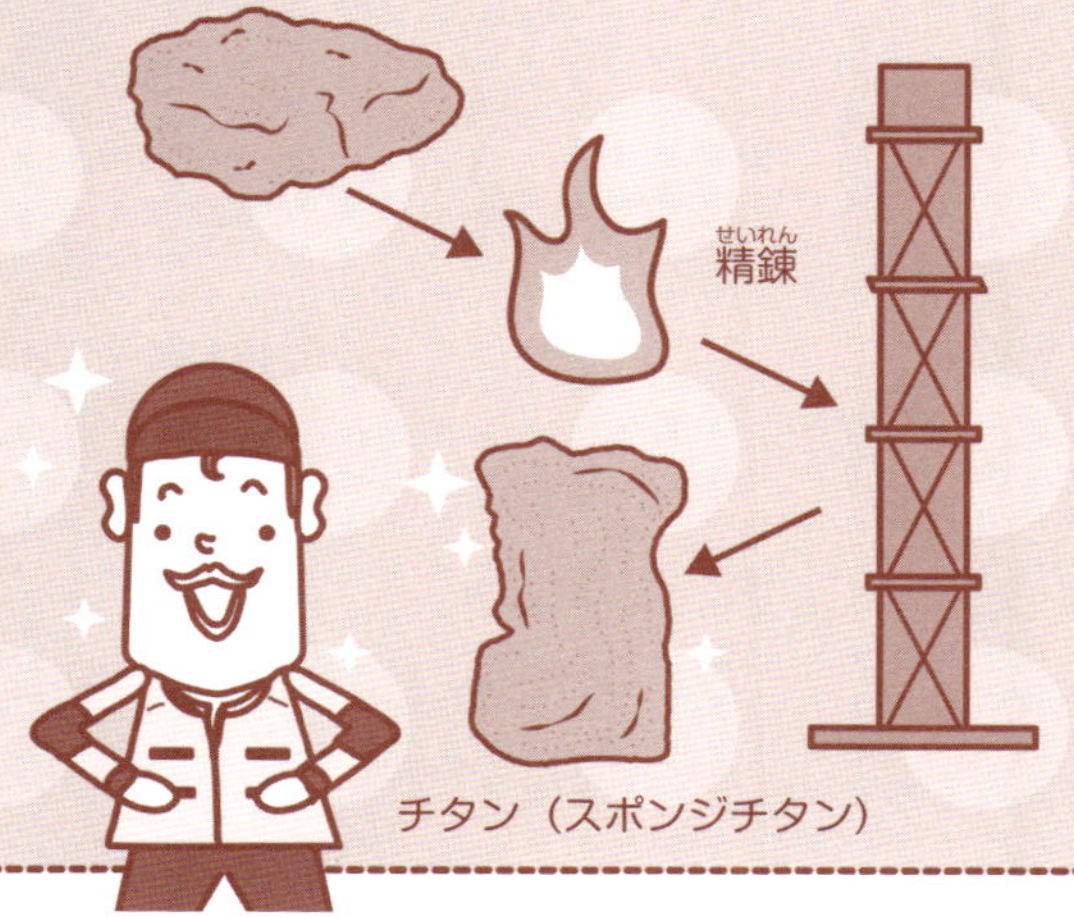

なるほど理系脳《りけいのう》クイズ！
次《つぎ》のうち、レアメタルにふくまれないのは？ ①コバルト ②炭素《たんそ》 ③ニッケル

②

どういうこと？ 都市《とし》にねむるレアメタル

レアメタルは、テレビやパソコン、スマートフォン、電気自動車《でんきじどうしゃ》など、高性能《こうせいのう》な製品《せいひん》をつくるのに欠《か》かせない元素《げんそ》です。しかし生産《せいさん》国《こく》が少《すく》ないので、安定《あんてい》して必要《ひつよう》な量《りょう》を手《て》に入《い》れるために、各国間《かっこくかん》ではげしい競争《きょうそう》がおきています。

また、それによりレアメタルの価格《かかく》が上《あ》がったり、産地《さんち》で環境《かんきょう》はかいがおきたりするケースもあります。

一方《いっぽう》で、まったくことなる方法《ほうほう》で、レアメタルを得《え》ようとする考《かんが》え方《かた》もあります。それが、ゴミとして捨《す》てられる電化製品《でんかせいひん》から、レアメタルを（レアメタル以外《いがい》のさまざまな資源《しげん》も）回収《かいしゅう》し、再利用《さいりよう》しようというものです。

このような電化製品《でんかせいひん》は、人《ひと》が多《おお》くすんでいる都市部《としぶ》（街《まち》）にたくさんねむっているため、「都市鉱《としこう》山《ざん》」とよばれています。

ハカセMEMO《メモ》！

リチウムトライアングル

レアメタルのひとつ「リチウム」は、南《みなみ》アメリカ大《たい》陸《りく》のボリビア・アルゼンチン・チリの国境地帯《こっきょうちたい》（アンデス高原地帯《こうげんちたい》）が主《おも》な産地《さんち》じゃ。この地域《ちいき》は「リチウムトライアングル」とよばれ、全世界《ぜんせかい》にねむるリチウムの約《やく》60％《パーセント》が集《あつ》まっていると考《かんが》えられているゾ。

●…リチウムがねむる湖《みずうみ》

周期表《しゅうきひょう》で見《み》るレアメタル

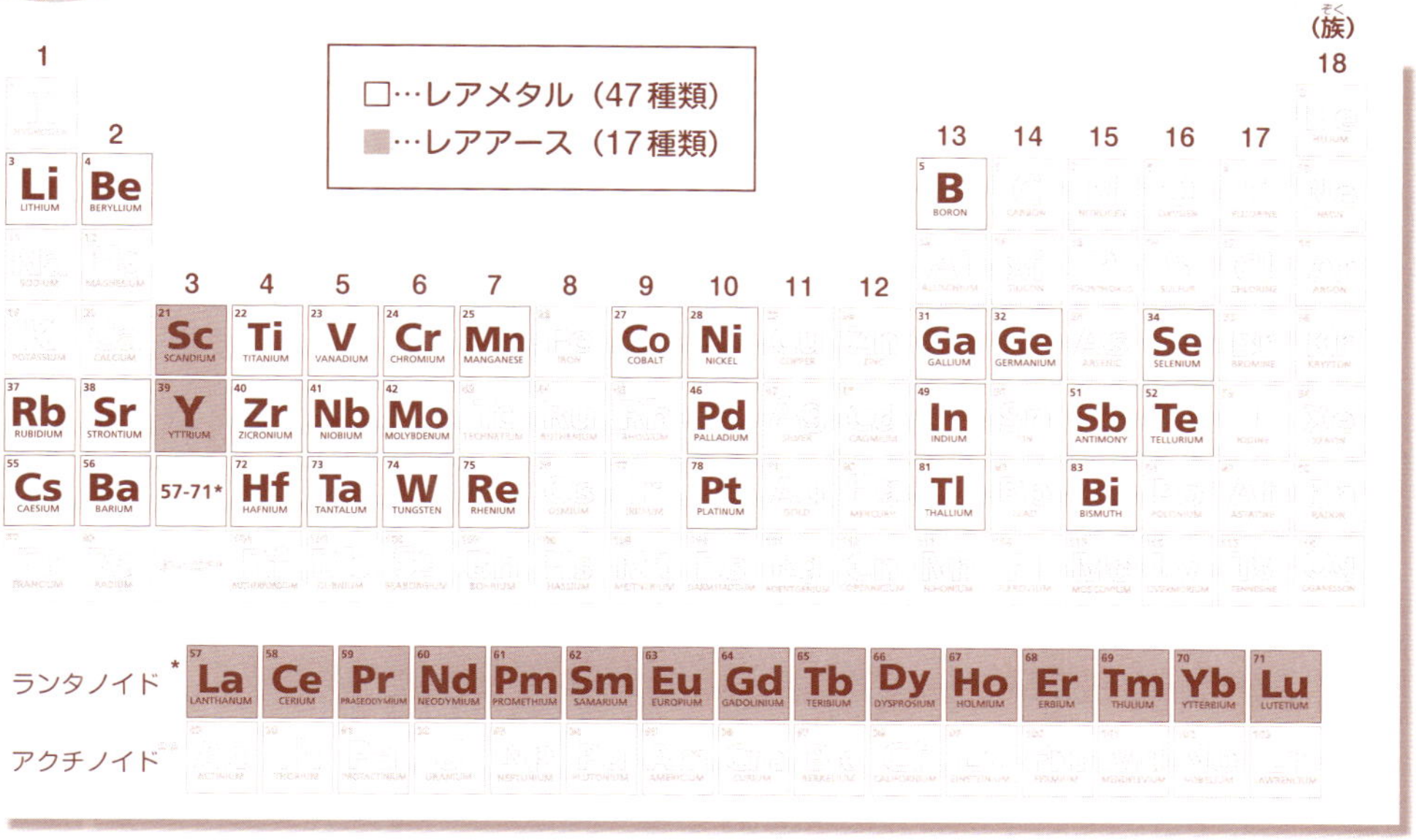

2020年《ねん》に開催《かいさい》された東京《とうきょう》オリンピック・パラリンピックでは、みんなの家《いえ》にねむっていた電化製品《でんかせいひん》（小型家電《こがたかでん》）を集《あつ》めて金《きん》・銀《ぎん》・銅《どう》を取《と》りだし、合計約《ごうけいやく》5000個《こ》のメダルをつくったんだよ！

★取《と》りだした量《りょう》

金《きん》…約《やく》30キログラム

銀《ぎん》…約《やく》3500キログラム

銅《どう》…約《やく》2200キログラム

なるほど理系脳《りけいのう》クイズ！

はじめて東京《とうきょう》でオリンピックが行《おこな》われたのは？ ①1964年《ねん》 ②1989年《ねん》 ③2020年《ねん》

3 すごいぞ！社会《しゃかい》を支《ささ》える半導体《はんどうたい》

私《わたし》たちのまわりにあるものは、その性質《せいしつ》により、さまざまなグループに分《わ》けることができます。たとえば「電気《でんき》の通《とお》しやすさ」です。電気《でんき》をよく通《とお》す物質《ぶっしつ》は「導体《どうたい》」とよばれます。導体《どうたい》には、金《きん》や銀《ぎん》、銅《どう》、アルミニウムなどの金属《きんぞく》があります。反対《はんたい》に、電気《でんき》をほとんど通《とお》さない物質《ぶっしつ》は「絶縁体《ぜつえんたい》」とよばれ、ガラス、プラスチック、ゴムなどがあります。

この中間《ちゅうかん》の性質《せいしつ》、つまりある条《じょう》件《けん》によって電気《でんき》を通《とお》したり通《とお》さなかったりする物質《ぶっしつ》もあります。これを「半導体《はんどうたい》」といいます。半導《はんどう》体《たい》の原料《げんりょう》には、そのような性質《せいしつ》をもつ「ケイ素《そ》」「ゲルマニウム」「セレン」などの元素《げんそ》が使《つか》われます。

半導体《はんどうたい》を使《つか》ってつくられたIC（集積回路《しゅうせきかいろ》）、トランジスタ、ダイオードといった電子部品《でんしぶひん》は、私《わたし》たちがふだん使《つか》うさまざまな製品《せいひん》に組《く》みこまれています。

ハカセMEMO《メモ》！

シリコンバレー

アメリカ、カリフォルニア州《しゅう》サンフランシスコには、IT や半導体《はんどうたい》に関《かん》する企業《きぎょう》（Intel社《インテルしゃ》など）が集《あつ》まる「シリコンバレー」とよばれる地区《ちく》があるのじゃ。これは、半導体《はんどうたい》の原料《げんりょう》となるケイ素《そ》が、英語《えいご》で「シリコン」とよばれるためじゃ。

クイズの答《こた》え：P99➡①

これが「半導体《はんどうたい》」だ！

半導体《はんどうたい》とは…

条件《じょうけん》によって、電気《でんき》を通《とお》したり通《とお》さなかったりする性質《せいしつ》をもつ物質《ぶっしつ》のこと！

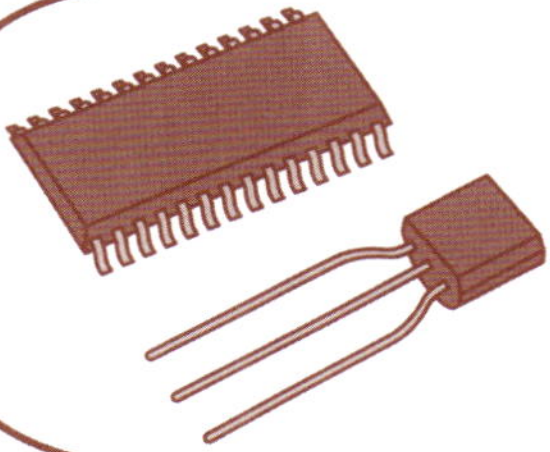

半導体《はんどうたい》でできた
電子部品《でんしぶひん》も
「半導体《はんどうたい》」とよばれる
ことがあるよ！

1種類《しゅるい》の元素《げんそ》でつくられる半導体《はんどうたい》の原料《げんりょう》

・ケイ素《そ》（Si）　・ゲルマニウム（Ge）
・セレン（Se）　など

2種類以上《しゅるいいじょう》の元素《げんそ》でつくられる半導体《はんどうたい》の原料《げんりょう》

・炭化《たんか》ケイ素《そ》（SiC）　・リン化《か》インジウム（InP）
・ヒ化《か》ガリウム（GaAs）　・窒化《ちっか》ガリウム（GaN）
など

半導体《はんどうたい》
（半導体《はんどうたい》でできた電子部品《でんしぶひん》）は
さまざまなものに
使《つか》われているんだ！

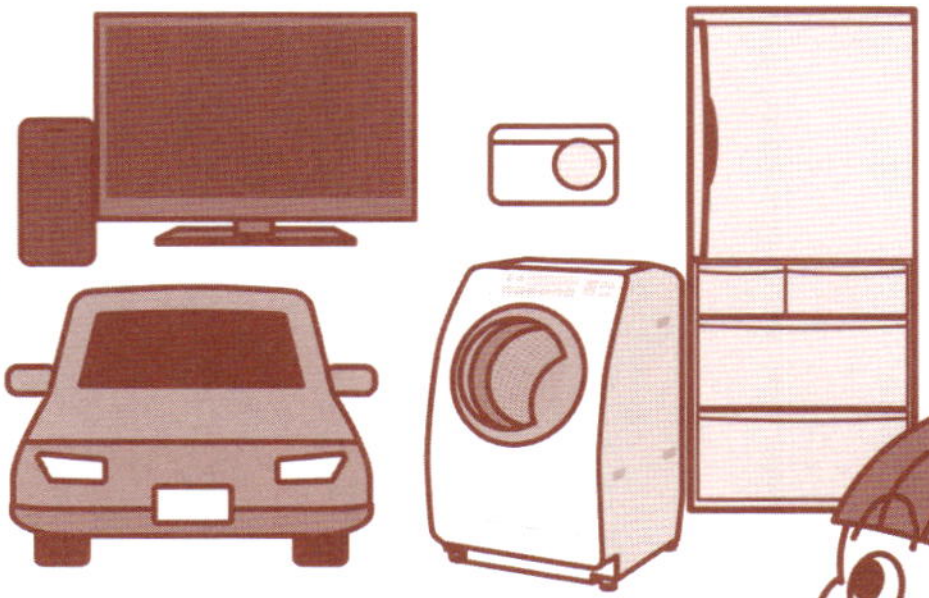

なるほど理系脳《りけいのう》クイズ！

夢《ゆめ》の「パワー半導体《はんどうたい》」の素材《そざい》として開発《かいはつ》が進《すす》められているのは？　①ダイヤモンド　②木《き》　③炭素《たんそ》

4 ワクワク! 元素《げんそ》がえがく未来社会《みらいしゃかい》

現在《げんざい》の社会《しゃかい》は、石油《せきゆ》(化石燃料《かせきねんりょう》)によって支《ささ》えられています。石油《せきゆ》は主《おも》に、発電所《はつでんしょ》で電気《でんき》をつくったり、自動車《じどうしゃ》や飛行機《ひこうき》、船《ふね》などを動《うご》かしたりするために使《つか》われていますが、石油《せきゆ》を燃《も》やすと二酸化炭素《にさんかたんそ》が発生《はっせい》します。一定以上《いっていいじょう》の量《りょう》の二《に》酸化炭素《さんかたんそ》は、地球《ちきゅう》の気温《きおん》を上昇《じょうしょう》させる原因《げんいん》となるため、できるだけ早《はや》いうちに石油《せきゆ》の使用《しよう》を減《へ》らす必《ひつ》要《よう》があります。

石油《せきゆ》にかわるエネルギーとして、注目《ちゅうもく》を集《あつ》めている元素《げんそ》のひとつが「水素《すいそ》」です。たとえば、水《すい》素《そ》と酸素《さんそ》でつくった電気《でんき》を使《つか》って走《はし》る「燃料電池自動車《ねんりょうでんちじどうしゃ》」は、走行《そうこう》時《じ》に水《みず》しか排出《はいしゅつ》しません。そのため、「究極《きゅうきょく》のエコカー」とよばれています。

水素《すいそ》を太陽光発電《たいようこうはつでん》などで得《え》たエネルギーでつくり、燃料電池《ねんりょうでんち》で動《うご》く乗《の》り物《もの》で、安全《あんぜん》かつ安定《あんてい》な輸送《ゆそう》ができるようになれば、社会《しゃかい》は大《おお》きな変化《へんか》をとげるでしょう。

ハカセMEMO《メモ》!

もうひとつの元素《げんそ》

水素《すいそ》と並《なら》んで、未来《みらい》のエネルギーとして期待《きたい》されているのが「アンモニア」じゃ。水素《すいそ》と窒素《ちっそ》からなるアンモニア(NH_3)は、燃《も》やしても二酸化炭素《にさんかたんそ》が発《はっ》生《せい》しないうえに、すでに輸送方法《ゆそうほうほう》が確《かく》立《りつ》されている(=新《あら》たな技術《ぎじゅつ》を開発《かいはつ》する必要《ひつよう》がない)ことから、水素《すいそ》よりも早《はや》く広《ひろ》まるのではないかと考《かんが》える人《ひと》もいるゾ。

期待《きたい》される水素《すいそ》の活《かつ》やく

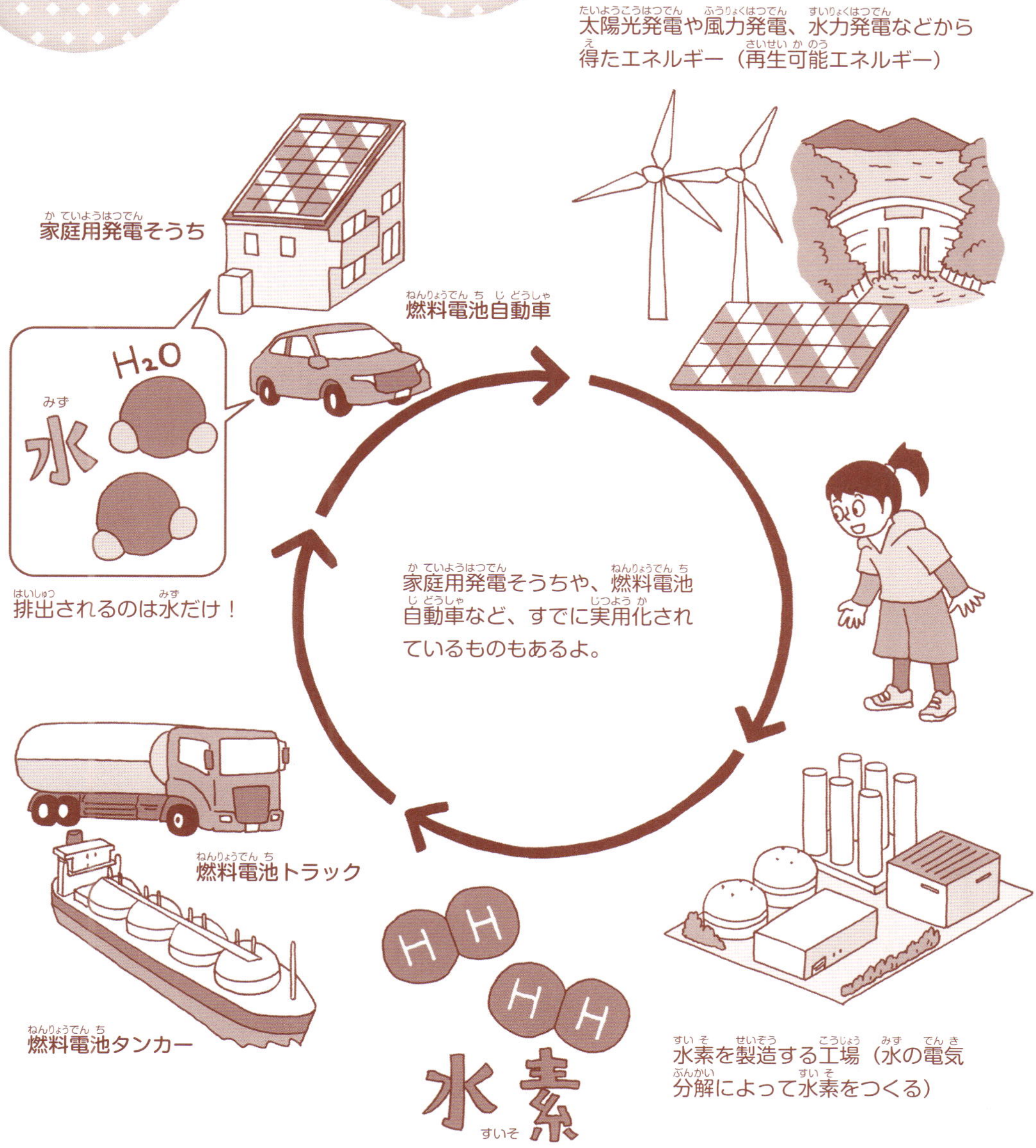

なるほど理系脳《りけいのう》クイズ！

石油《せきゆ》は何《なに》からできたと考《かんが》えられている？　①大昔《おおむかし》の植物《しょくぶつ》　②大昔《おおむかし》の生物《せいぶつ》（プランクトンなど）

5
えっ…本当《ほんとう》に？
日本《にっぽん》が資源《しげん》大国《たいこく》になる!?

日本《にっぽん》はよく「資源《しげん》のない国《くに》」といわれます。これは、石油《せきゆ》などのエネルギー資源《しげん》や、工業製品《こうぎょうせいひん》の原料《げんりょう》となる鉱物資源《こうぶつしげん》があまりとれず、その多《おお》くを他国《たこく》からの輸入《ゆにゅう》にたよっているためです。

一方《いっぽう》で、日本《にっぽん》のまわりの海底《かいてい》にはさまざまな資源《しげん》がねむっていることが、これまでの調査《ちょうさ》でわかっています。

北海道《ほっかいどう》や本州《ほんしゅう》のまわりにあるのが「メタンハイドレート」です。メタン（CH_4）をふくみ、火《ひ》を近《ちか》づけると燃《も》えるため、エネルギー資源《しげん》として利用《りよう》できる可能性《かのうせい》があります。

また、南太平洋《みなみたいへいよう》の海底《かいてい》には、レアメタルを豊富《ほうふ》にふくむ「マンガンノジュール」や「コバルトリッチクラスト」という鉱物資源《こうぶつしげん》が、たくさんあります。

これらを安価《あんか》にほりだすことができるようになれば、日本《にっぽん》は資源《しげん》大国《たいこく》になる可能性《かのうせい》もあります。

ハカセMEMO《メモ》!

日本《にっぽん》でとれる資源《しげん》

現在《げんざい》、日本《にっぽん》で産出《さんしゅつ》する数少《かずすく》ない資源《しげん》のひとつに、石灰石《せっかいせき》（$CaCO_3$）と「ヨウ素《そ》」(I)があるゾ。とくにヨウ素《そ》は、全《ぜん》世界《せかい》の生産量《せいさんりょう》の約《やく》25%《パーセント》となる年間約《ねんかんやく》9000トンが生産《せいさん》されていて、輸出《ゆしゅつ》も行《おこな》われているのじゃ。また、わずかではあるが、「金《きん》」(Au)も、年間《ねんかん》4.4トンが鹿児島県《かごしまけん》の鉱山《こうざん》でさいくつされているゾ。

クイズの答《こた》え：P103➡②

日本《にっぽん》と資源《しげん》のハナシ

★日本《にっぽん》のまわりの海底《かいてい》にねむる資源《しげん》

メタンハイドレート（→）

天然《てんねん》ガスの主成分《しゅせいぶん》であるメタンと、水《みず》が組《く》み合《あ》わさった物質《ぶっしつ》で、「燃《も》える氷《こおり》」ともよばれる。水深《すいしん》500メートルより深《ふか》い海底《かいてい》や、海底下《かいていか》の地層《ちそう》にある。

どっちも
深《ふか》いところに
あるんだねぇ！

マンガンノジュール

レアメタルであるマンガン（Mn）、コバルト（Co）、ニッケル（Ni）、銅《どう》（Cu）などを豊富《ほうふ》にふくむかたまり。太平洋《たいへいよう》の水深《すいしん》4000～6000メートルの平《たい》らな海《かい》底《てい》に分布《ぶんぷ》している。

コバルトリッチクラスト

マンガンノジュールより、コバルトを約《やく》3～5倍多《ばいおお》くふくむ。太平洋《たいへいよう》の水深《すいしん》1000～2500メートルにある海山《かいざん》（山《やま》のようになった海底地形《かいていちけい》）の斜面《しゃめん》をおおうように広《ひろ》がっている。

なるほど理系脳《りけいのう》クイズ！

現在《げんざい》も金《きん》のさいくつがつづけられる鹿児島県《かごしまけん》の鉱山《こうざん》は？　①夕張鉱山《ゆうばりこうざん》　②豊羽鉱山《とよはこうざん》　③菱刈鉱山《ひしかりこうざん》

元素名《げんそめい》のつけ方《かた》
THAI
今日《きょう》は タイ料理屋《りょうりや》に 来《き》たのじゃ ルンルン♪
トムヤムクン
ガイヤーン
カオマンガイ…
不思議《ふしぎ》な名前《なまえ》が いっぱいですね
どんな料理《りょうり》 なんだろ？
THAI メニュ〜
"正体《しょうたい》"を知《し》らずに 注文《ちゅうもん》してみるのも おもしろいゾ？
フォッフォッフォ
そんな おそろしいこと できません！
つまらん のォ〜
ふたりとも 石橋《いしばし》をたたいて わたるタイプ なんじゃ のォ…
わあん！

まるで元素名《げんそめい》みたいだな…
ガイヤーン
カオマンガイ
〝ガイ〟は鶏肉《とりにく》なのかな??
フォフォフォ…
ところでりんごは元素名《げんそめい》がどのようにつけられるか知《し》っておるか?
えっ!?
まず新元素《しんげんそ》を発見《はっけん》するとその命名権《めいめいけん》がIUPAC《アイユーパック》(国際純正《こくさいじゅんせい》・応用化学連合《おうようかがくれんごう》)という組織《そしき》から発見者《はっけんしゃ》にあたえられるのじゃ
新《あたら》しい元素《げんそ》見《み》つけたー
名前《なまえ》つけていいですよ
IUPAC
なにに するかのぉ…
OK《オッケー》です!
IUPAC
名前《なまえ》
これに するのじゃ
名前《なまえ》決定《けってい》
発見者《はっけんしゃ》は発見《はっけん》された国《くに》や地域《ちいき》発見《はっけん》された原料《げんりょう》などさまざまなものから元素名《げんそめい》を考《かんが》える…
へぇ〜
そしてその名前《なまえ》をIUPAC《アイユーパック》がしんさしてOK《オーケー》が出《で》ると…晴《は》れて正式《せいしき》な名前《なまえ》となるのじゃ※
※元素名《げんそめい》は必《かなら》ず「-ium」(ウム/ニウム)で終《お》わらなければならない、などのルールもある。

※表《ひょう》は、左《ひだり》から原子番号《げんしばんごう》・元素記号《げんそきごう》・元素名《げんそめい》・元素名《げんそめい》の由来《ゆらい》となった言葉《ことば》（人物《じんぶつ》）・その解説《かいせつ》。

元素名《げんそめい》の由来《ゆらい》としてとくにおもしろいのが次《つぎ》の3つじゃ！

1つ目《め》は「神話《しんわ》」じゃ

22	Ti	チタン	タイタン	ギリシャ神話《しんわ》の巨神《きょしん》の一族《いちぞく》
23	V	バナジウム	バナジス	北欧神話《ほくおうしんわ》の愛《あい》と美《び》の女神《めがみ》
41	Nb	ニオブ	ニオベー	ギリシャ神話《しんわ》のタンタロスの娘《むすめ》
61	Pm	プロメチウム	プロメテウス	ギリシャ神話《しんわ》の火《ひ》の神《かみ》
73	Ta	タンタル	タンタロス	ギリシャ神話《しんわ》の主神《しゅしん》ゼウスの子《こ》
77	Ir	イリジウム	イリス	ギリシャ神話《しんわ》の虹《にじ》の女神《めがみ》
90	Th	トリウム	トール	北欧神話《ほくおうしんわ》の雷神《らいじん》

そしてヘリウムやセレンなどのように「天体《てんたい》の名前《なまえ》」が元《もと》になっているものもたくさんあるゾ！

2	He	ヘリウム	ヘーリオス	「太陽《たいよう》」のギリシャ語《ご》
34	Se	セレン	セレーネ	「月《つき》」のギリシャ語《ご》
46	Pd	パラジウム	パラス	火星《かせい》と木星《もくせい》の間《あいだ》にある天体《てんたい》
52	Te	テルル	テラ	「地球《ちきゅう》」のラテン語《ご》
58	Ce	セリウム	ケレス	火星《かせい》と木星《もくせい》の間《あいだ》にある天体《てんたい》
80	Hg	水銀《すいぎん》（マーキュリー）	メルクリウス	「水星《すいせい》」のギリシャ語《ご》（諸説《しょせつ》あり）
92	U	ウラン	ウラノス	「天王星《てんのうせい》」のギリシャ語《ご》
93	Np	ネプツニウム	ネプチューン	「海王星《かいおうせい》」のギリシャ語《ご》
94	Pu	プルトニウム	プルート	「冥王星《めいおうせい》」のギリシャ語《ご》

62	Sm	サマリウム	サマルスキー	サマルスキー石《せき》を発見《はっけん》
64	Gd	ガドリニウム	ガドリン	イットリウムを発見《はっけん》
96	Cm	キュリウム	キュリー夫妻《ふさい》	放射性物質《ほうしゃせいぶっしつ》を発見《はっけん》
99	Es	アインスタイニウム	アインシュタイン	相対性理論《そうたいせいりろん》を唱《とな》えた
100	Fm	フェルミウム	フェルミ	核物理学《かくぶつりがく》や量子力学《りょうしりきがく》にこうけん
101	Md	メンデレビウム	メンデレーエフ	周期表《しゅうきひょう》を作成《さくせい》
102	No	ノーベリウム	ノーベル	ダイナマイトを発明《はつめい》
103	Lr	ローレンシウム	ローレンス	サイクロトロンを発明《はつめい》
104	Rf	ラザホージウム	ラザフォード	原子《げんし》の構造《こうぞう》を解明《かいめい》
106	Sg	シーボーギウム	シーボーグ	10種類《しゅるい》の元素《げんそ》を合成《ごうせい》
107	Bh	ボーリウム	ボーア	量子力学《りょうしりきがく》の確立《かくりつ》にこうけん
109	Mt	マイトネリウム	マイトナー	原子核分裂《げんしかくぶんれつ》を発見《はっけん》
111	Rg	レントゲニウム	レントゲン	X《エックス》線《せん》を発見《はっけん》
112	Cn	コペルニシウム	コペルニクス	地動説《ちどうせつ》を唱《とな》えた
114	Fl	フレロビウム	フリョロフ	フリョロフ原子核反応研究所《げんしかくはんのうけんきゅうしょ》を設立《せつりつ》
118	Og	オガネソン	オガネシアン	118番元素《ばんげんそ》を発見《はっけん》

お…?
スッ…
มี อะไร แนะนำ ไหม
おお…!?
ロープー プオン
(※ちょっと待《ま》って)
ぐっ
〝まかせろ 美味《うま》いのもってきてやる〟って言《い》ってるって!?
わあん♪
なになに
いろんな特技《とくぎ》をもっているのォ…
──数分後《すうふんご》
いただきまーす♡

6章《しょう》

118元《げん》素《そ》を見《み》てみよう③

60秒《びょう》でわかる

118元素《げんそ》を見《み》てみよう③

6章《しょう》では「第《だい》6周期《しゅうき》」「第《だい》7周期《しゅうき》」、そして「ランタノイド」「アクチノイド」の元素《げんそ》を紹介《しょうかい》するよ！

10族《ぞく》	11族《ぞく》	12族《ぞく》	13族《ぞく》	14族《ぞく》	15族《ぞく》	16族《ぞく》	17族《ぞく》	18族《ぞく》
								2 He HELIUM
			5 B BORON	6 C CARBON	7 N NITROGEN	8 O OXYGEN	9 F FLUORINE	10 Ne NEON
			13 Al ALUMINIUM	14 Si SILICON	15 P PHOSPHORUS	16 S SULFUR	17 Cl CHLORINE	18 Ar ARGON
28 Ni NICKEL	29 Cu COPPER	30 Zn ZINC	31 Ga GALLIUM	32 Ge GERMANIUM	33 As ARSENIC	34 Se SELENIUM	35 Br BROMINE	36 Kr KRYPTON
46 Pd PALLADIUM	47 Ag SILVER	48 Cd CADMIUM	49 In INDIUM	50 Sn TIN	51 Sb ANTIMONY	52 Te TELLURIUM	53 I IODINE	54 Xe XENON
78 Pt PLATINUM	79 Au GOLD	80 Hg MERCURY	81 Tl THALLIUM	82 Pb LEAD	83 Bi BISMUTH	84 Po POLONIUM	85 At ASTATINE	86 Rn RADON
110 Ds DARMSTADTIUM	111 Rg ROENTGENIUM	112 Cn COPERNICIUM	113 Nh NIHONIUM	114 Fl FLEROVIUM	115 Mc MOSCOVIUM	116 Lv LIVERMORIUM	117 Ts TENNESINE	118 Og OGANESSON

遷移元素《せんいげんそ》（10族〜12族）

ハロゲン（17族）　貴《き》ガス（18族）

64 Gd GADOLINIUM	65 Tb TERIBIUM	66 Dy DYSPROSIUM	67 Ho HOLMIUM	68 Er ERBIUM	69 Tm THULIUM	70 Yb YTTERBIUM	71 Lu LUTETIUM
96 Cm CURIUM	97 Bk BERKELIUM	98 Cf CALIFORNIUM	99 Es EINSTEINIUM	100 Fm FERMIUM	101 Md MENDELEVIUM	102 No NOBELIUM	103 Lr LAWRENCIUM

※原子番号《げんしばんごう》が104番《ばん》からあとの元素《げんそ》の化学的性質《かがくてきせいしつ》は、まだわかっていない。

第《だい》7周期《しゅうき》（→146ページ）

第《だい》6周期《しゅうき》（→114ページ）

1族《ぞく》	2族《ぞく》	3族《ぞく》	4族《ぞく》	5族《ぞく》	6族《ぞく》	7族《ぞく》	8族《ぞく》	9族《ぞく》
1 H HYDROGEN								
3 Li LITHIUM	4 Be BERYLLIUM							
11 Na SODIUM	12 Mg MAGNESIUM							
19 K POTASSIUM	20 Ca CALCIUM	21 Sc SCANDIUM	22 Ti TITANIUM	23 V VANADIUM	24 Cr CHROMIUM	25 Mn MANGANESE	26 Fe IRON	27 Co COBALT
37 Rb RUBIDIUM	38 Sr STRONTIUM	39 Y YTTRIUM	40 Zr ZICRONIUM	41 Nb NIOBIUM	42 Mo MOLYBDENUM	43 Tc TECHNETIUM	44 Ru RUTHENIUM	45 Rh RHODIUM
55 Cs CAESIUM	56 Ba BARIUM	57-71*	72 Hf HAFNIUM	73 Ta TANTALUM	74 W TUNGSTEN	75 Re RHENIUM	76 Os OSMIUM	77 Ir IRIDIUM
87 Fr FRANCIUM	88 Ra RADIUM	89-103**	104 Rf RUTHERFORDIUM	105 Db DUBNIUM	106 Sg SEABORGIUM	107 Bh BOHRIUM	108 Hs HASSIUM	109 Mt MEITNERIUM

アルカリ金属《きんぞく》（→114ページ）

アルカリ土類金属《どるいきんぞく》

* ランタノイド（→128ページ）	57 La LANTHANUM	58 Ce CERIUM	59 Pr PRASEODYMIUM	60 Nd NEODYMIUM	61 Pm PROMETHIUM	62 Sm SAMARIUM	63 Eu EUROPIUM
** アクチノイド（→136ページ）	89 Ac ACTINIUM	90 Th THORIUM	91 Pa PROTACTINIUM	92 U URANIUM	93 Np NEPTUNIUM	94 Pu PLUTONIUM	95 Am AMERICIUM

※ランタノイドには「ランタンに似《に》たもの」、アクチノイドには「アクチニウムに似《に》たもの」という意味《いみ》がある。

第《だい》6周期《しゅうき》

55・セシウム【Cs】 56・バリウム【Ba】

私《わたし》たちの家《いえ》にある一般的《いっぱんてき》な時計《とけい》（クオーツ時計《どけい》）は、水晶《すいしょう》でつくった「水晶振動子《すいしょうしんどうし》」がしんどうする回数《かいすう》をもとに、1秒間《びょうかん》を測《はか》っています。これに対《たい》し「原子時計《げんしどけい》」は、「セシウム」という元素《げんそ》の原子《げんし》がもつ、「共鳴周波数《きょうめいしゅうはすう》」という値《あたい》をもとに1秒間《びょうかん》を測《はか》ります。

ちなみに、日本《にっぽん》の産業技術総合《さんぎょうぎじゅつそうごう》研究所《けんきゅうしょ》（AIST）が開発《かいはつ》した「NMIJ-F2」という原子時計《げんしどけい》は、7000万年《まんねん》に1秒《びょう》しかくるわないというから、おどろきですね。

一方《いっぽう》、大人《おとな》の健康《けんこう》しんだんで活《かつ》やくしているのが「バリウム」という元素《げんそ》です。大人《おとな》の健康《けんこう》しんだんでは、「X線《エックスせん》」という光《ひかり》の仲間《なかま》（電磁波《でんじは》）を使《つか》って胃《い》のようすをさつえいする「X線検査《エックスせんけんさ》」があります。

X線検査《エックスせんけんさ》では、よりはっきりとした画像《がぞう》を得《え》るために、バリウムをふくむ「造影剤《ぞうえいざい》」を、さつえい前《まえ》に飲《の》みます。

ハカセMEMO《メモ》!

アルカリ金属《きんぞく》

周期表《しゅうきひょう》の1族《ぞく》に属《ぞく》する、水素以外《すいそいがい》の元《げん》素《そ》（リチウム、ナトリウム、カリウム、ルビジウム、セシウム、フランシウム）を「アルカリ金属《きんぞく》」というのじゃ。アルカリ金属《きんぞく》は、やわらかくて軽《かる》い、反《はん》応性《のうせい》が大《おお》きい（例《れい》：ナトリウムやカリウムは、水《みず》にふれると爆発《ばくはつ》する）などの特徴《とくちょう》をもっているゾ。

原子時計《げんしどけい》の例《れい》※
（ラックマウント型《がた》
原子時計《げんしどけい》）

※NMIJ-F2とは、しくみがことなる。

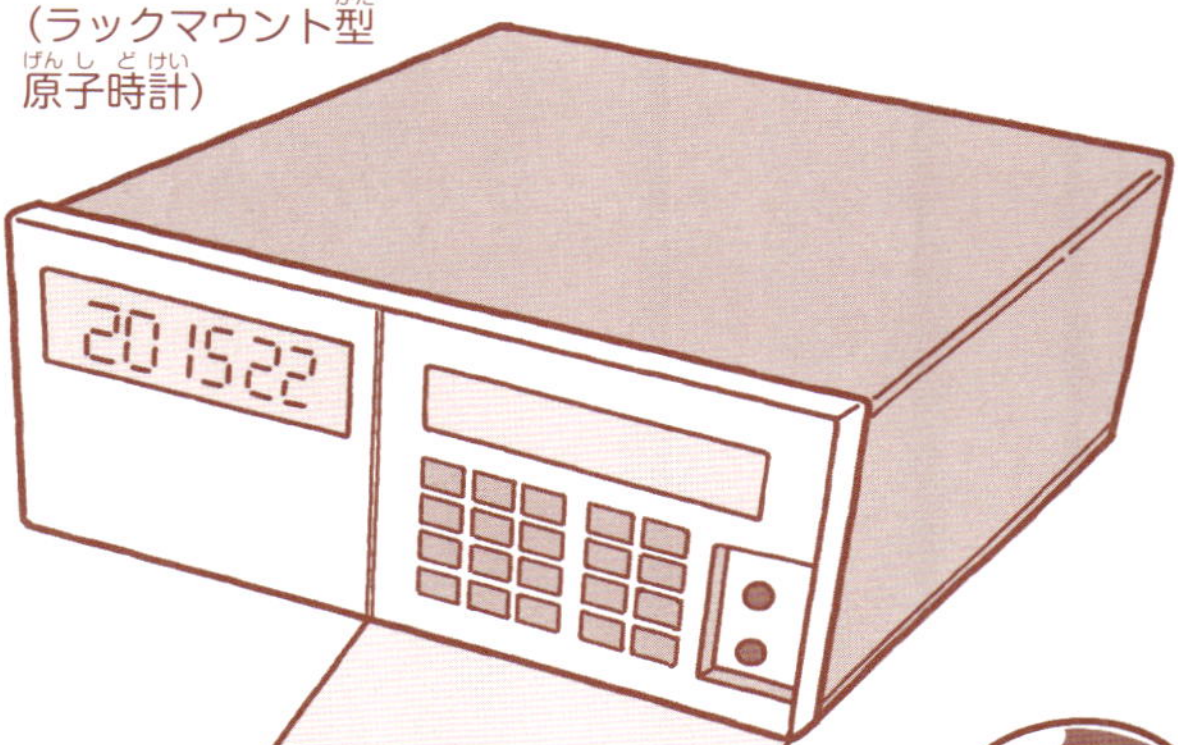

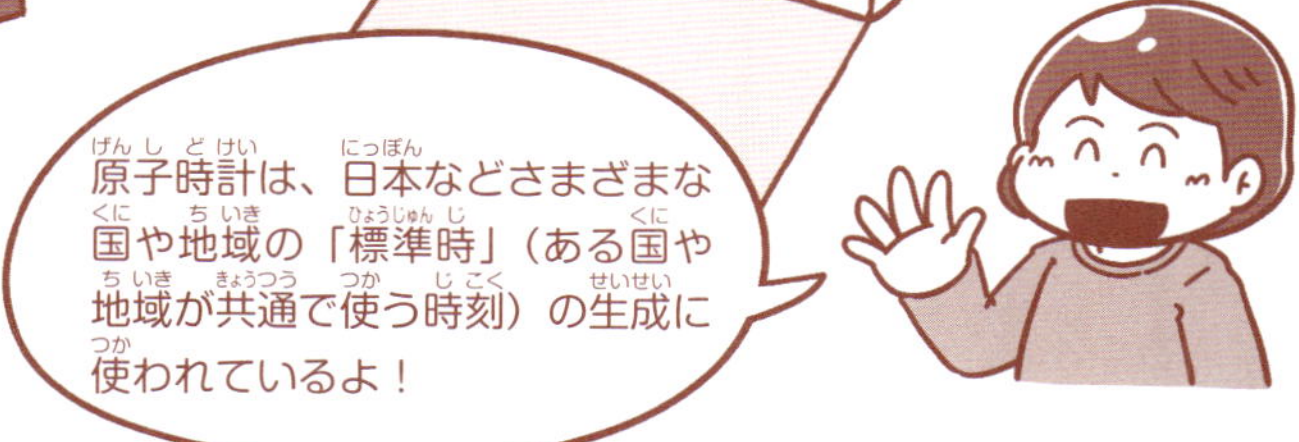

カーナビゲーションシステムなどが、位置《いち》や時刻《じこく》の情報《じょうほう》を得《え》るために利用《りよう》する「GPS衛星《えいせい》」には、原子時計《げんしどけい》がとうさいされている。

X線《エックスせん》検査《けんさ》のときに飲《の》む造影剤《ぞうえいざい》は「硫酸《りゅうさん》バリウム」（$BaSO_4$）。

なるほど理系脳《りけいのう》クイズ！
X線《エックスせん》の別名《べつめい》は？　①導線《どうせん》　②赤外線《せきがいせん》　③レントゲン線《せん》

第《だい》6周期《しゅうき》

72・ハフニウム【Hf】
73・タンタル【Ta】

★原子力発電所《げんしりょくはつでんしょ》

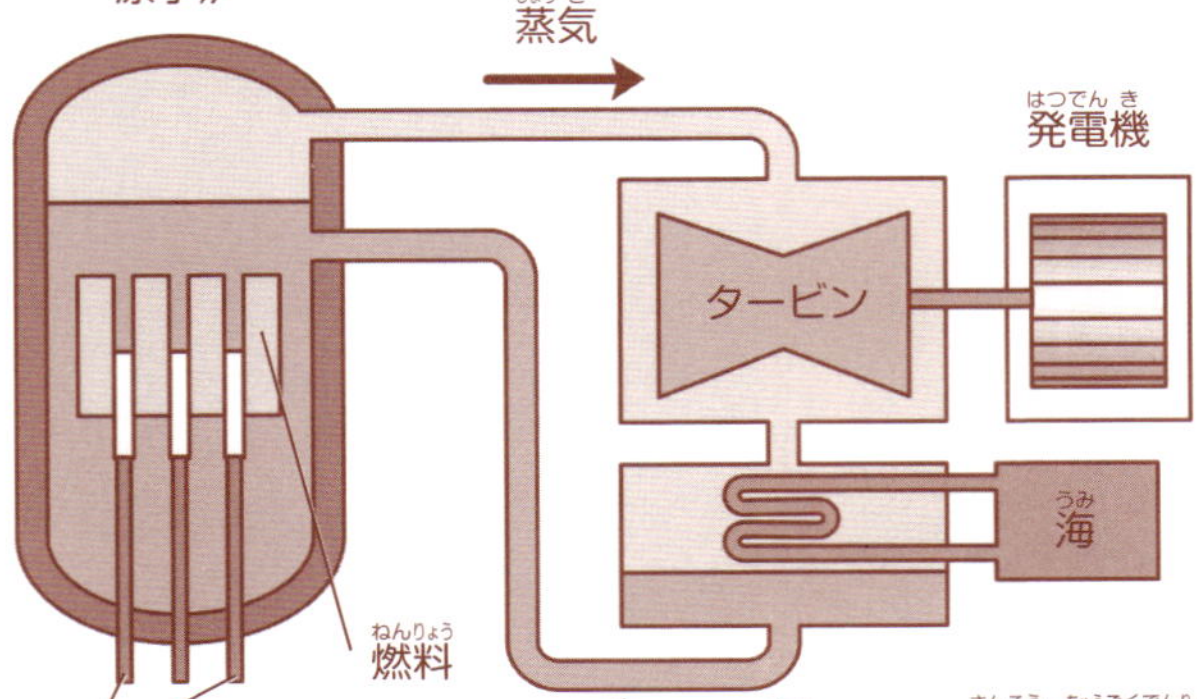

※参考《さんこう》：中国電力《ちゅうごくでんりょく》のウェブサイト

★インプラント

あごの骨《ほね》にうめこんだ土《ど》台《だい》（フィクスチャー）の上《うえ》に、人工《じんこう》の歯《は》を取《と》りつけるちりょう。フィクスチャーの原料《げんりょう》に、タンタルやチタンが使《つか》われる。

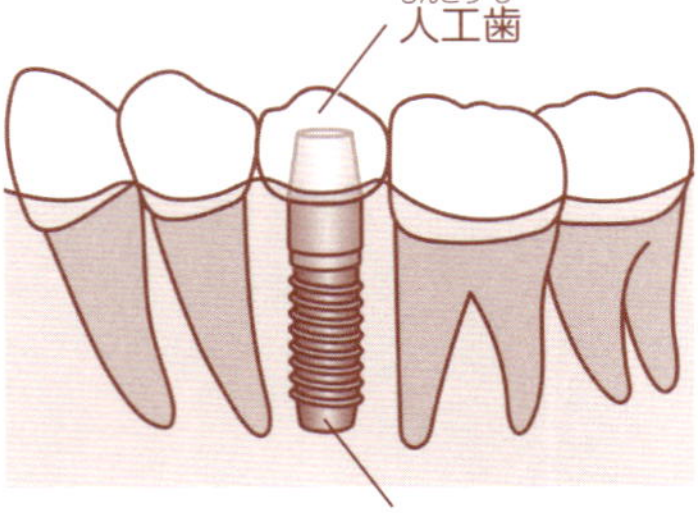

「ハフニウム」は、原子炉《げんしろ》の制御《せいぎょ》棒《ぼう》に使《つか》われる金属《きんぞく》です。

「原子炉《げんしろ》」とは、原子力発電所《げんしりょくはつでんしょ》にあるしせつです。ウランが「核分《かくぶん》裂《れつ》」という反応《はんのう》をおこすときに出《で》る大量《たいりょう》の熱《ねつ》を使《つか》ってお湯《ゆ》をわかし、できた水蒸気《すいじょうき》でタービンを回《まわ》すことで（発電機《はつでんき》で）発電《はつでん》します。「制御棒《せいぎょぼう》」は、核分裂《かくぶんれつ》の勢《いきお》いをコントロールするためのもので、重《じゅう》要《よう》な役割《やくわり》を果《は》たしています。

また、「タンタル」は、腐食《ふしょく》（くさったりさびたり）しにくい金属《きんぞく》元素《げんそ》です。人体《じんたい》に害《がい》がないので、歯《は》のちりょうや、人工関節《じんこうかんせつ》の素材《そざい》に用《もち》いられます。

クイズの答《こた》え：P115➡③

第《だい》6
周期《しゅうき》

とってもかたい！
74・タングステン【W】

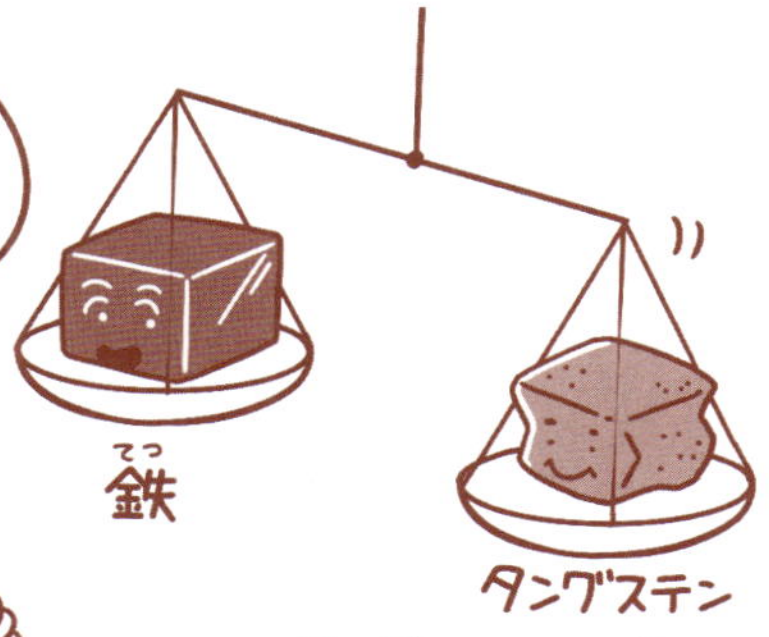

（金《きん》と同《おな》じくらいの重《おも》さがある）

タングステンは
ダイヤモンドの次《つぎ》にかたい！

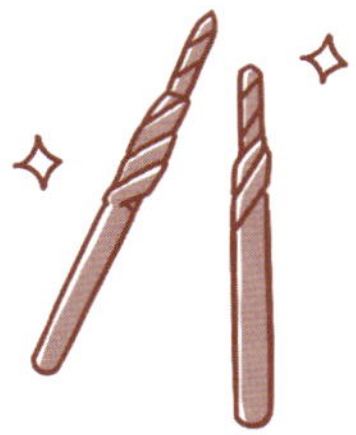

超硬合金《ちょうこうごうきん》でつくられた
ドリル

「タングステン」は、スウェーデン語《ご》で「重《おも》い石《いし》」という意味《いみ》をもっています。日本語《にほんご》でも「重石《じゅうせき》」とよばれ、かつては山口県《やまぐちけん》などでさいくつされていました。

タングステンは、すべての金属《きんぞく》のうちで最《もっと》もとけにくく、細《ほそ》い線《せん》に加工《かこう》できるため、白熱電球《はくねつでんきゅう》のフィラメント（↓85ページ）に使《つか》われています。

また、タングステンと炭素《たんそ》からなる「タングステンカーバイド」という粉末《ふんまつ》とコバルトからつくられる「超硬合金《ちょうこうごうきん》」は、とてもかたく、さびや熱《ねつ》にも強《つよ》いので、ドリルなどに使《つか》われます。

なるほど理系脳《りけいのう》クイズ！
タングステンは何度《なんど》でとける？　①650℃《ど》　②1500℃《ど》　③3380℃《ど》

第《だい》6周期《しゅうき》

ニッポニウム？ いえ…75・レニウム【Re】

「レニウム」は1925年《ねん》に、ドイツの化学者《かがくしゃ》（ノダック、タッケ、ベルク）によって発見《はっけん》されました。

実《じつ》は、彼《かれ》らより早《はや》い1908年《ねん》に、この元素《げんそ》を発見《はっけん》していた人物《じんぶつ》がいます。それが、日本《にっぽん》の小川正孝《おがわまさたか》という化学者《かがくしゃ》です。

小川《おがわ》は当時《とうじ》、自分《じぶん》が発見《はっけん》した元《げん》素《そ》は43番元素《ばんげんそ》であると考《かんが》え、「ニッポニウム」（Np）と名《な》づけました。

しかし、ほかの研究者《けんきゅうしゃ》がいくら試《ため》しても、小川《おがわ》の研究結果《けんきゅうけっか》を再現《さいげん》できません。一方《いっぽう》で1947年《ねん》、イタリアの物理学者《ぶつりがくしゃ》エミリオ・セグレらが人工的《じんこうてき》につくりだした元《げん》素《そ》が、本物の43番元素《ばんげんそ》とされ、「テクネチウム」（Tc）と命名《めいめい》されました※。

小川《おがわ》が亡《な》くなったあと、化学者《かがくしゃ》の吉原賢二《よしはらけんじ》が、小川《おがわ》の研究資料《けんきゅうしりょう》を調《しら》べ直《なお》しました。すると、小川《おがわ》が発見《はっけん》したのは、43番元素《ばんげんそ》ではなく、75番元素《ばんげんそ》のレニウムだったことがわかったそうです。

※これにより、ニッポニウムはまぼろしの元素《げんそ》となった。

ハカセMEMO《メモ》！

ニホニウム

2016年《ねん》に日本人《にほんじん》が発見《はっけん》した113番元《ばんげん》素《そ》は、「ニホニウム」（Nh）と命名《めいめい》されたゾ（154ページに登場《とうじょう》）。元素名《げんそめい》には、過去《かこ》に使用《しよう》された名前《なまえ》は使《つか》えないという規則《きそく》がある。つまり、113番元《ばんげん》素《そ》が“ニッポニウム”という名前《なまえ》にならなかったのは、小川《おがわ》の発見《はっけん》があったからだといえるのじゃ。

クイズの答《こた》え：P117➡③（1500℃《ど》は鉄《てつ》のとける温度《おんど》）

レニウムは、周期表《しゅうきひょう》ではテクネチウムのひとつ下《した》の段《だん》にある。

理科大学《りかだいがく》・化学科教授研究室《かがくかきょうじゅけんきゅうしつ》にいる小川正孝《おがわまさたか》。1913年《ねん》ころにさつえいされたもの。
小川《おがわ》はここに泊《と》まりこんで、研究《けんきゅう》を行《おこな》うこともあったという。

なるほど理系脳《りけいのう》クイズ！

1908年《ねん》は、日本《にっぽん》は何時代《なにじだい》？　①明治《めいじ》　②大正《たいしょう》　③昭和《しょうわ》

第《だい》6周期《しゅうき》

76・オスミウム［Os］
77・イリジウム［Ir］

Ir
イリジウム

世界中《せかいじゅう》の6600万年前《まんねんまえ》の地層《ちそう》（K/Pg境界《きょうかい》）からは、イリジウムのほかに、ねんどやガラス質《しつ》の小《ちい》さな岩《がん》石《せき》の破片《はへん》、津波《つなみ》の堆積物《たいせきぶつ》など（＝いん石《せき》がしょうとつしたあと）が発見《はっけん》されている。

「オスミウム」は、「イリジウム」との合金《ごうきん》の状態《じょうたい》で、白金鉱《はっきんこう》という鉱物《こうぶつ》に存在《そんざい》します。この合金《ごうきん》は「イリドスミン」とよばれます。イリドスミンはかたく、すり減《へ》りにくいので、万年筆《まんねんひつ》のペンポイントに使《つか》われています。

イリジウムは地殻《ちかく》にほとんど存《そん》在《ざい》しませんが、いん石《せき》にふくまれます。また、イリジウムは、恐竜《きょうりゅう》が絶滅《ぜつめつ》した6600万年前《まんねんまえ》の地層《ちそう》から発見《はっけん》されています。

これらのことから、恐竜《きょうりゅう》の絶滅《ぜつめつ》は、地球《ちきゅう》への巨大《きょだい》いん石《せき》（小惑星《しょうわくせい》）のしょうとつが原因《げんいん》なのではないかと考《かんが》えられています。

クイズの答《こた》え：P119➡①（1868～1912年《ねん》まで）

第《だい》6周期《しゅうき》

78・プラチナ［Pt］

アクセサリーから触媒《しょくばい》まで

「プラチナ」の主《おも》な生産国《せいさんこく》は南《みなみ》アフリカ共和国《きょうわこく》とロシアで、全世界《ぜんせかい》の約《やく》8割《わり》をしめます。また、プラチナは日本語《にほんご》で「白金《はっきん》」とよばれますが、これは、プラチナがヨーロッパで「ホワイト・ゴールド※」とよばれていたことに由来《ゆらい》します。

美《うつく》しい銀白色《ぎんはくしょく》をもつプラチナは、アクセサリーの素材《そざい》として利用《りよう》されています。また、自動車《じどうしゃ》の排《はい》ガスから有害《ゆうがい》な物質《ぶっしつ》を取《と》り除《のぞ》く「触《しょく》媒《ばい》」にも使《つか》われます。

自動車《じどうしゃ》の触媒《しょくばい》（↑）
プラチナ、ロジウム、パラジウムが主《おも》に使《つか》われる（→90ページ）。

プラチナのアクセサリー（↓）

Pt プラチナ

※アクセサリーで目《め》にする“ホワイト・ゴールド”は、金《きん》に、銀《ぎん》やパラジウムなどをまぜてつくった合金《ごうきん》。

なるほど理系脳《りけいのう》クイズ！
オスミウムの“オスム”（osme：ギリシャ語《ご》）は、どんな意味《いみ》？　①かたい　②くさい

第《だい》6
周期《しゅうき》

79・金《きん》【Au】

黄金色《こがねいろ》にかがやく…

ツタンカーメン王《おう》のミイラにかぶせられていた黄金《おうごん》のマスクは、今《いま》もなお、かがやきを放《はな》ちつづけている。これは、腐食《ふしょく》（くさったりさびたり）しにくい金《きん》の性質《せいしつ》による。

「金《きん》」は、地中《ちちゅう》（地殻《ちかく》）にほとんど存在《そんざい》しない希少《きしょう》な金属《きんぞく》です。自《し》然《ぜん》にある金属《きんぞく》（単体《たんたい》）のなかでは唯一《ゆいいつ》「黄金色《こがねいろ》」のかがやきをもち、古《ふる》くから富《とみ》の象徴《しょうちょう》とされてきました。たとえば、今《いま》から3000年《ねん》以上前《いじょうまえ》（紀元前《きげんぜん》1342～前《ぜん》1324年《ねん》ごろ）に、エジプトを支配《しはい》していたツタンカーメン王《おう》のミイラには、黄金《おうごん》のマスクがかぶせられています。

日本《にっぽん》に残《のこ》る金製品《きんせいひん》としては、紀《き》元《げん》57年《ねん》に、後漢《ごかん》（現在《げんざい》の中国《ちゅうごく》）の光武帝《こうぶてい》からおくられた「金印《きんいん》」が、最《もっと》も古《ふる》いものとして知《し》られています。

第《だい》6周期《しゅうき》

80・水銀《すいぎん》［Hg］　81・タリウム［Tl］

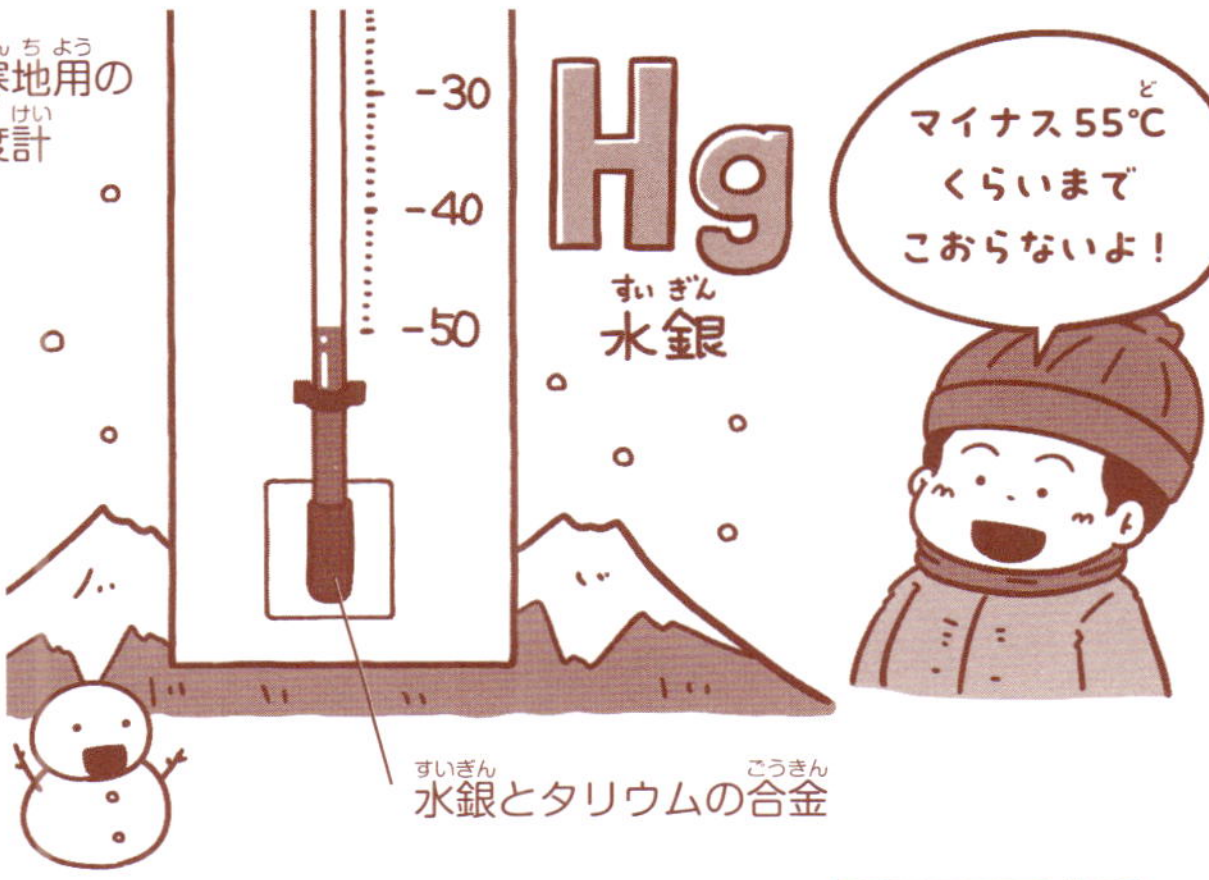

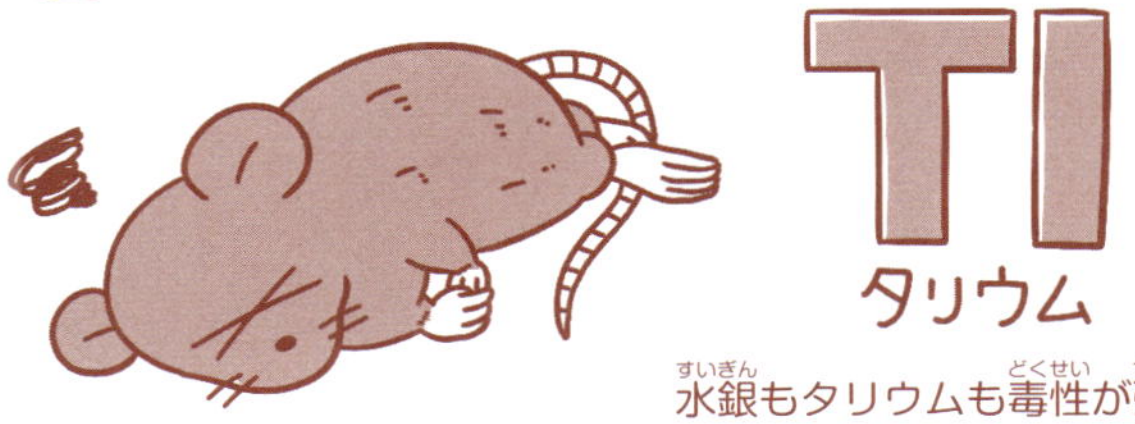

かつては、ネズミをくじょするための薬《くすり》（殺鼠剤《さっそざい》）として使《つか》われていた。

「水銀《すいぎん》」は唯一《ゆいいつ》、常温《じょうおん》・1気圧《きあつ》で液体《えきたい》の金属《きんぞく》です。水銀《すいぎん》という名前《なまえ》は、液体《えきたい》で、銀《ぎん》のような白《しろ》っぽい光沢《こうたく》をもつことに由来《ゆらい》します。

水銀《すいぎん》は、古代中国《こだいちゅうごく》では不死《ふし》の薬《くすり》と考《かんが》えられていたようで、秦《しん》の始《し》皇帝《こうてい》のお墓《はか》の地下《ちか》には、水銀《すいぎん》の川《かわ》があったといわれています。

水銀《すいぎん》は蛍光灯《けいこうとう》などに使《つか》われますが（→43ページ）、近年《きんねん》はLED《エルイーディ》照《しょう》明《めい》の登場《とうじょう》により、出番《でばん》が少《すく》なくなっています。

また、水銀《すいぎん》と「タリウム」という元素《げんそ》との合金《ごうきん》「タリウムアマルガム」は、寒《さむ》い地域《ちいき》で気温《きおん》を測《はか》る温度計《おんどけい》に使用《しよう》されています。

なるほど理系脳《りけいのう》クイズ！
水銀《すいぎん》は常温《じょうおん》（20℃《ど》）で…　①固体《こたい》　②気体《きたい》　③液体《えきたい》

第《だい》6周期《しゅうき》

82・鉛《なまり》【Pb】
古《ふる》くから使《つか》われていた

病院《びょういん》で使《つか》われる「X《エックス》線《せん》防護《ぼうご》服《ふく》」など
クレオパトラのアイシャドウ※

かつて鉛《なまり》が使《つか》われていたもの

・ワインの保存料《ほぞんりょう》　・水道管《すいどうかん》
・電子回路《でんしかいろ》の「はんだ」
（はんだは、鉛《なまり》とスズの合金《ごうきん》）など

※鉛《なまり》をふくむ方鉛鉱《ほうえんこう》や、銅《どう》をふくむ孔雀石《くじゃくいし》、アンチモンをふくむ輝安鉱《きあんこう》などの鉱物《こうぶつ》を、粉《こな》にして使《つか》っていたといわれている。

「鉛《なまり》」は、光沢《こうたく》のある白色《はくしょく》の金属《きんぞく》です。青《あお》みをおびた灰色《はいいろ》を「鉛色《なまりいろ》」といいますが、これは鉛《なまり》が空気中《くうきちゅう》の酸素《さんそ》（O_2）と結《むす》びつくことで、しだいに、そのような色《いろ》になるためです。

鉛《なまり》は加工《かこう》がしやすく、さびも少《すく》ないので、古《ふる》くからさまざまな用《よう》途《と》に使《つか》われてきました。今《いま》から2000年以上前《ねんいじょうまえ》につくられた、古代《こだい》ローマの水道管《すいどうかん》にも、鉛製《なまりせい》のものがあります。

一方《いっぽう》で、一定以上《いっていいじょう》の量《りょう》が人間《にんげん》の体内《たいない》に取《と》りこまれると健康《けんこう》を害《がい》することから、現在《げんざい》では、使用《しよう》されるケースは限《かぎ》られています。

第《だい》6周期《しゅうき》

83・ビスマス［Bi］
84・ポロニウム［Po］

ビスマスの結晶《けっしょう》

左《ひだり》は妻《つま》のマリー（キュリー夫人《ふじん》）、右《みぎ》は夫《おっと》のピエール。

日本語《にほんご》で「蒼鉛《そうえん》」とよばれる「ビスマス」は、非常《ひじょう》にもろい金属元素《きんぞくげんそ》です。銀白色《ぎんはくしょく》をしていますが、ビスマスを熱《ねっ》してとかし、ゆっくりと冷《ひ》やしてできた結晶《けっしょう》は、美《うつく》しい虹色《にじいろ》にかがやきます。

ビスマスは、私《わたし》たちの生活《せいかつ》のなかでは、火災用《かさいよう》スプリンクラー（口金《くちがね》）や、下痢止《げりど》めの薬《くすり》などに使《つか》われています。

「ポロニウム」は、放射能《ほうしゃのう》の研究者《けんきゅうしゃ》として知《し》られるキュリー夫妻《ふさい》（マリーとピエール）が、1898年《ねん》に発見《はっけん》しました。〝ポロ〟とはポーランドという意味《いみ》で、マリーの出身国《しゅっしんこく》にちなんでいます。

なるほど理系脳《りけいのう》クイズ！
ポロニウムが使《つか》われているのは？　①原子力電池《げんしりょくでんち》　②飛行機《ひこうき》のエンジン　③ガスコンロ

第《だい》6周期《しゅうき》

85・アスタチン【At】 86・ラドン【Rn】

「アスタチン」は、人工的《じんこうてき》につくりだされた元素《げんそ》です。私《わたし》たちの身《み》近《ぢか》なところでの活《かつ》やくはまだありませんが、がんのちりょうに役立《やくだ》てられないか、研究《けんきゅう》が進《すす》められています。

「ラドン」は、気体《きたい》で自然界《しぜんかい》に存《そん》在《ざい》する元素《げんそ》です。キュリー夫妻《ふさい》がラジウム（146ページに登場《とうじょう》）を発見《はっけん》した2年《ねん》後《ご》の1900年《ねん》に、ドイツの化学者《かがくしゃ》フリードリヒ・エルネスト・ドルンが発見《はっけん》しました。

兵庫県《ひょうごけん》の有馬温泉《ありまおんせん》（銀泉《ぎんせん》）や秋《あき》田県《たけん》の玉川温泉《たまがわおんせん》、新潟県《にいがたけん》の村杉温《むらすぎおん》泉《せん》などのお湯《ゆ》には、一定以上《いっていいじょう》の量《りょう》のラドンがふくまれます。私《わたし》たちがそのような温泉《おんせん》に入《はい》ると、皮膚《ひふ》からラドンが取《と》りこまれます。

取《と》りこまれたラドンは、体内《たいない》でわずかな量《りょう》の放射線《ほうしゃせん》を出《だ》します。この放射線《ほうしゃせん》が体《からだ》をしげきすることで、体《からだ》の調子《ちょうし》がととのえられたり、病気《びょうき》のしょうじょうがやわらいだりすると考《かんが》えられています※。

※ラドンのよいはたらきについては、科学的《かがくてき》にはしょうめいされていない。

ハカセMEMO《メモ》!

放射線《ほうしゃせん》

放射線《ほうしゃせん》とは、「高《たか》いエネルギーをもつ電磁波《でんじは》」と「高《たか》いエネルギーをもち、高速《こうそく》で飛《と》ぶ粒子《りゅうし》」のことじゃ。放射線《ほうしゃせん》には、もともと自然界《しぜんかい》に存在《そんざい》するものと、人工的《じんこうてき》に発生《はっせい》させたものがあるゾ。ワシらが放射線《ほうしゃせん》を大量《たいりょう》に浴《あ》びると、体《からだ》をつくる細胞《さいぼう》が死《し》んだり、がん化《か》したりするが、ごくわずかな量《りょう》であれば、えいきょうはないのじゃ。

アスタチン

★アスタチンを使《つか》った
がんのちりょう（イメージ）

アスタチンは放射性元素《ほうしゃせいげんそ》のひとつ。アスタチンから出《で》る放《ほう》射線《しゃせん》をがん細胞《さいぼう》に当《あ》てることで、がん細胞《さいぼう》を死滅《しめつ》させる。

❶**放射性元素《ほうしゃせいげんそ》**：放射線《ほうしゃせん》を出《だ》す能力《のうりょく》をもつ元素《げんそ》
（放射線《ほうしゃせん》をみずから出《だ》し、別《べつ》の元素《げんそ》に変化《へんか》する元素《げんそ》）
❷**放射能《ほうしゃのう》**：放射線《ほうしゃせん》を出《だ》す能力《のうりょく》
❸**放射線《ほうしゃせん》**：高《たか》いエネルギーをもつ電磁波《でんじは》／
高《たか》いエネルギーをもち、高速《こうそく》で飛《と》ぶ粒子《りゅうし》
↓
わかりやすくたとえると…

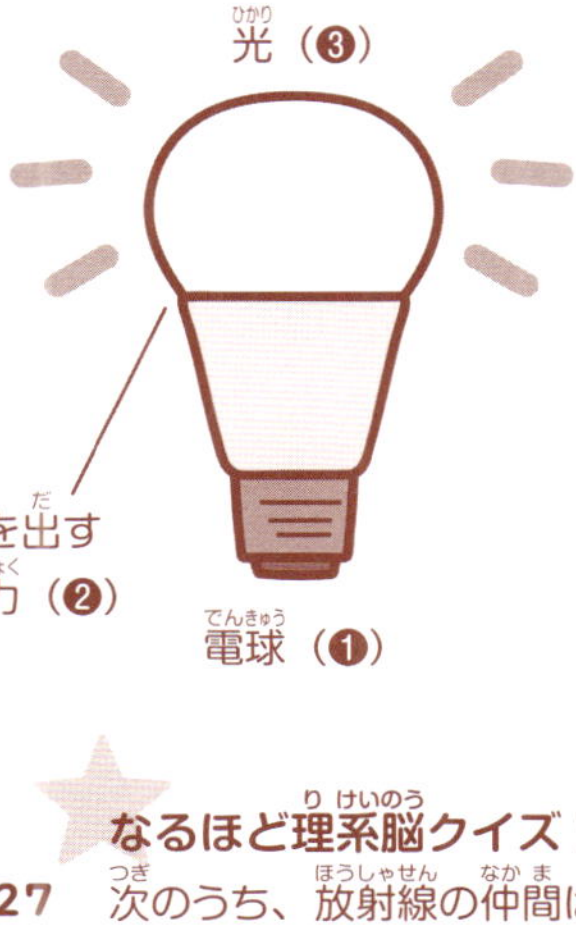

※参考《さんこう》：環境省《かんきょうしょう》・放射性物質汚染廃棄物処理情報《ほうしゃせいぶっしつおせんはいきぶつしょりじょうほう》サイト
(https://shiteihaiki.env.go.jp/)

なるほど理系脳《りけいのう》クイズ！
 次《つぎ》のうち、放射線《ほうしゃせん》の仲間《なかま》は？　①太陽光《たいようこう》　②X線《エックスせん》　③音波《おんぱ》

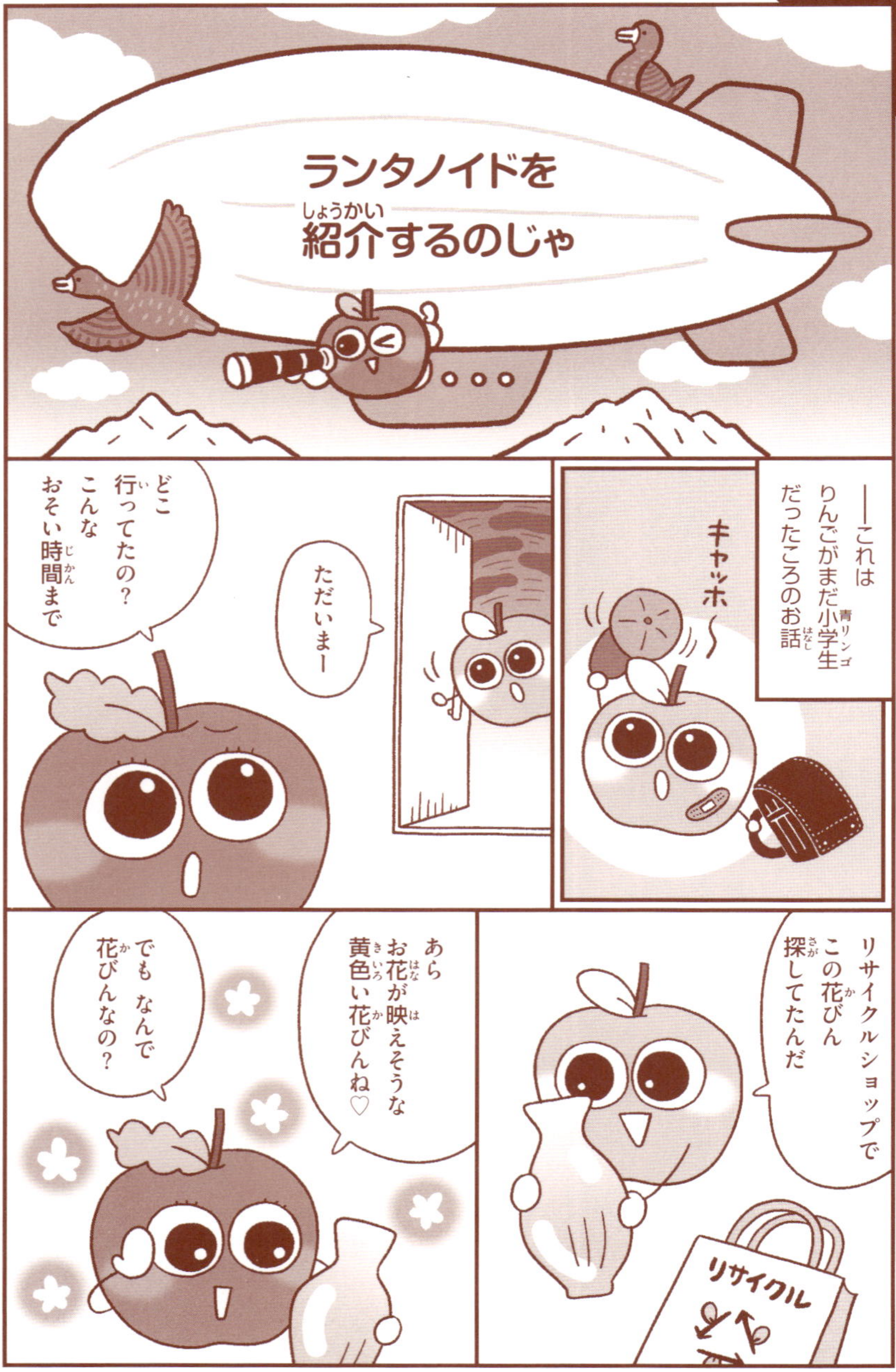
ランタノイドを紹介《しょうかい》するのじゃ
――これは りんごがまだ小学生《青リンゴ》だったころのお話《はなし》
キャッホ～
ただいまー
どこ行《い》ってたの？ こんな おそい時間《じかん》まで
リサイクルショップで この花《か》びん探《さが》してたんだ
リサイクル
あら お花《はな》が映《は》えそうな黄色《きいろ》い花《か》びんね♡
でも なんで花《か》びんなの？

夏休《なつやす》みの自由研究《じゆうけんきゅう》で
118種類《しゅるい》の元素《げんそ》が
使《つか》われているものを
集《あつ》めようと思《おも》って…
この花《か》びんは
59・プラセオジム［Pr］の例《れい》
いい感《かん》じ〜♡
「プラセオジムイエロー」という
黄色《きいろ》い着色剤《ちゃくしょくざい》が使《つか》われている。
まぁ〜♡
お勉強《べんきょう》だったのね
じゃあ
お母《かあ》さんが手伝《てつだ》って
あげましょう
えっ
スチャッ
まずはこれ
!?
57・ランタン［La］は
ライターの火打《ひう》ち石《いし》に
使《つか》われているのよ
カッカッ
ボッ
芯《しん》
ヤスリ
オイル
火打《ひう》ち石《いし》（フリント）
ヤスリとフリントをこすり合《あ》わせて
火花《ひばな》を起《お》こし、芯《しん》に着火《ちゃっか》させる
火打《ひう》ち石《いし》（フリント）
セリウムやランタンを主成分《しゅせいぶん》とする
「ミッシュメタル」と、鉄《てつ》でできている。
しょうげきを受《う》けると火花《ひばな》を生《しょう》じる。

58・セリウム［Ce］は
太陽光《たいようこう》にふくまれる
紫外線《しがいせん》をきゅうしゅうする
はたらきがあるから
サングラスのレンズや
自動車《じどうしゃ》のガラスなどに
まぜられるのよ
紫外線《しがいせん》
身近《みぢか》なところに
あったんだね
60・ネオジム［Nd］
だって
あそこにあるわよ
どこ？
スピーカーは
電気信号《でんきしんごう》を音《おと》（しんどう）に
かえるはたらきをする磁石《じしゃく》が
中《なか》に入《はい》っているんだけど…
これにネオジムが
使《つか》われているの
ココ！
磁力《じりょく》が強《つよ》い！
ネオジムを使《つか》った
「ネオジム磁石《じしゃく》」
そういえば…
腕時計《うでどけい》※の
秒針《びょうしん》を動《うご》かすモーターにも
磁石《じしゃく》が入《はい》っているでしょ？
それも
ネオジム磁石《じしゃく》なの？

※クオーツ時計《どけい》

腕時計《うでどけい》に使《つか》われているのは 62・サマリウム[Sm]と コバルトを使《つか》ってつくられた「サマリウムコバルト磁石《じしゃく》」よ
ステッピングモーター
サマリウムコバルト磁石《じしゃく》が使《つか》われている
パカッ
DENTI
サマリウムコバルト磁石《じしゃく》…ネオジム磁石《じしゃく》より磁力《じりょく》は弱《よわ》いが、さびや熱《ねつ》にはより強《つよ》い！
磁石《じしゃく》でもいろいろあるんだね
そして…
わわっ!!
パチン
非常口《ひじょうぐち》の位置《いち》を示《しめ》す標識《ひょうしき》の塗料《とりょう》には66・ジスプロシウム[Dy]が使《つか》われているのよ
非常口
EXIT
へぇぇ～
ジスプロシウムは、光《ひかり》のエネルギーをためて発光《はっこう》する！
パパッ
あっ ついた…
わあっ!!!
じゃーん お母《かあ》さんでした♡
ウフフ
びっくりした～?

61・プロメチウム［Pm］
宇宙探査機《うちゅうたんさき》の電源《でんげん》に使《つか》われる「原子力電池《げんしりょくでんち》」に利用《りよう》される

63・ユウロピウム［Eu］
郵便物《ゆうびんぶつ》を仕分《しわ》けるために印刷《いんさつ》されるバーコード（目《め》に見《み》えない消印《けしいん》）のインクに使《つか》われる

68・エルビウム［Er］
インターネットを支《ささ》える「光《ひかり》ファイバケーブル」（海底《かいてい》ケーブル）に使《つか》われる

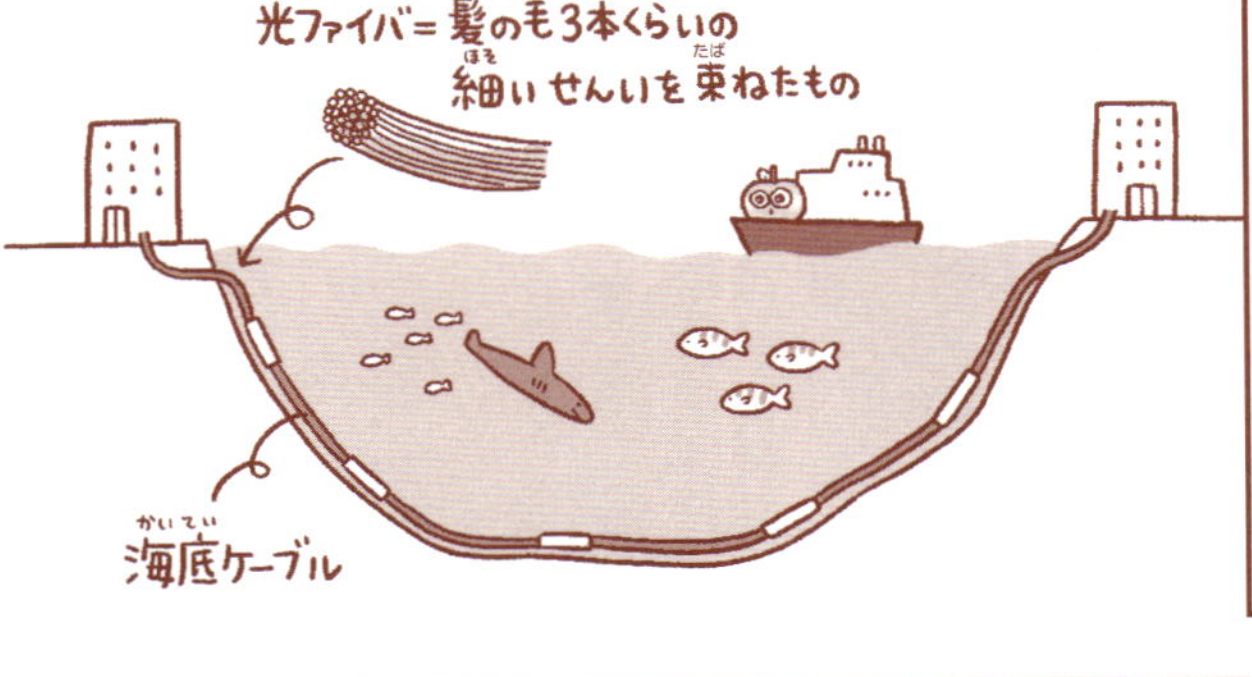

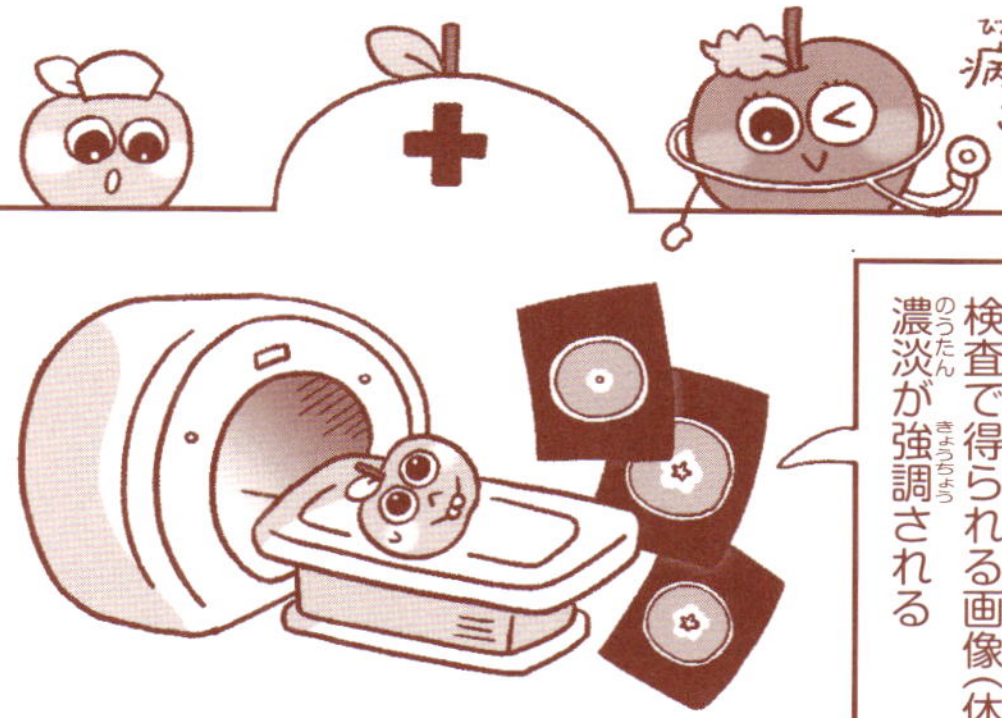

64・ガドリニウム［Gd］

MRIというそうちを使《つか》った検査《けんさ》を受《う》ける人《ひと》が、ガドリニウムをふくむ「造影剤《ぞうえいざい》」を注射《ちゅうしゃ》されると、検査《けんさ》で得《え》られる画像《がぞう》（体《からだ》の断面図《だんめんず》）の濃淡《のうたん》が強調《きょうちょう》される

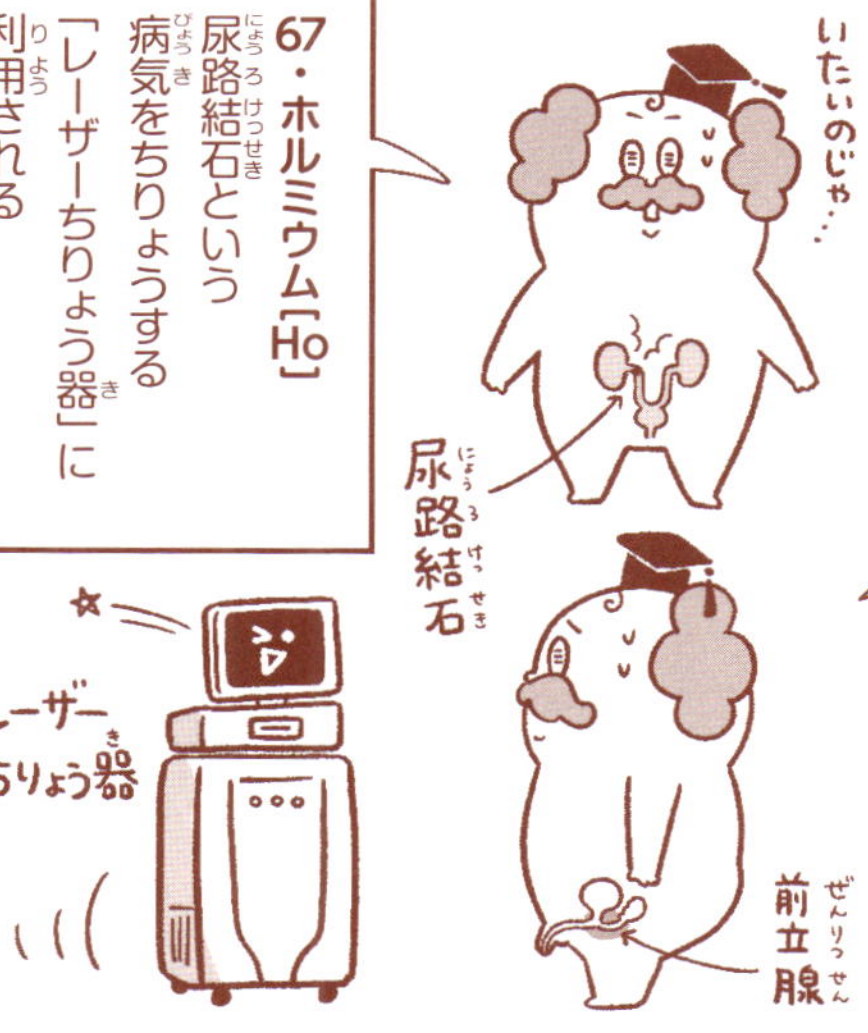

67・ホルミウム［Ho］

尿路結石《にょうろけっせき》という病気《びょうき》をちりょうする「レーザーちりょう器《き》」に利用《りよう》される

69・ツリウム［Tm］

前立腺《ぜんりつせん》という臓器《ぞうき》の病気《びょうき》をちりょうする「レーザーちりょう器《き》」に利用《りよう》される

70・イッテルビウム［Yb］

ガラスの着色剤《ちゃくしょくざい》やレーザーなどに利用《りよう》される

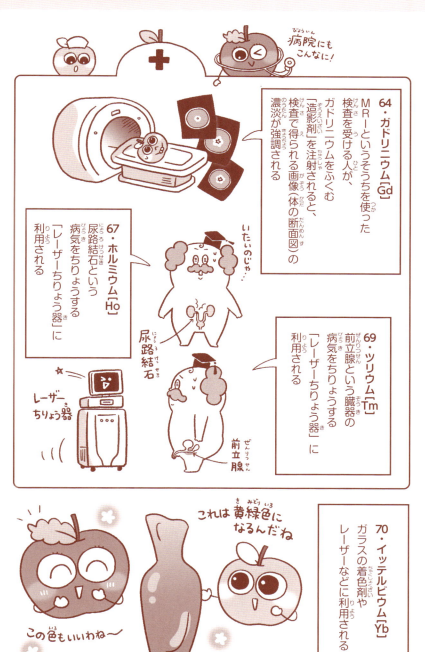

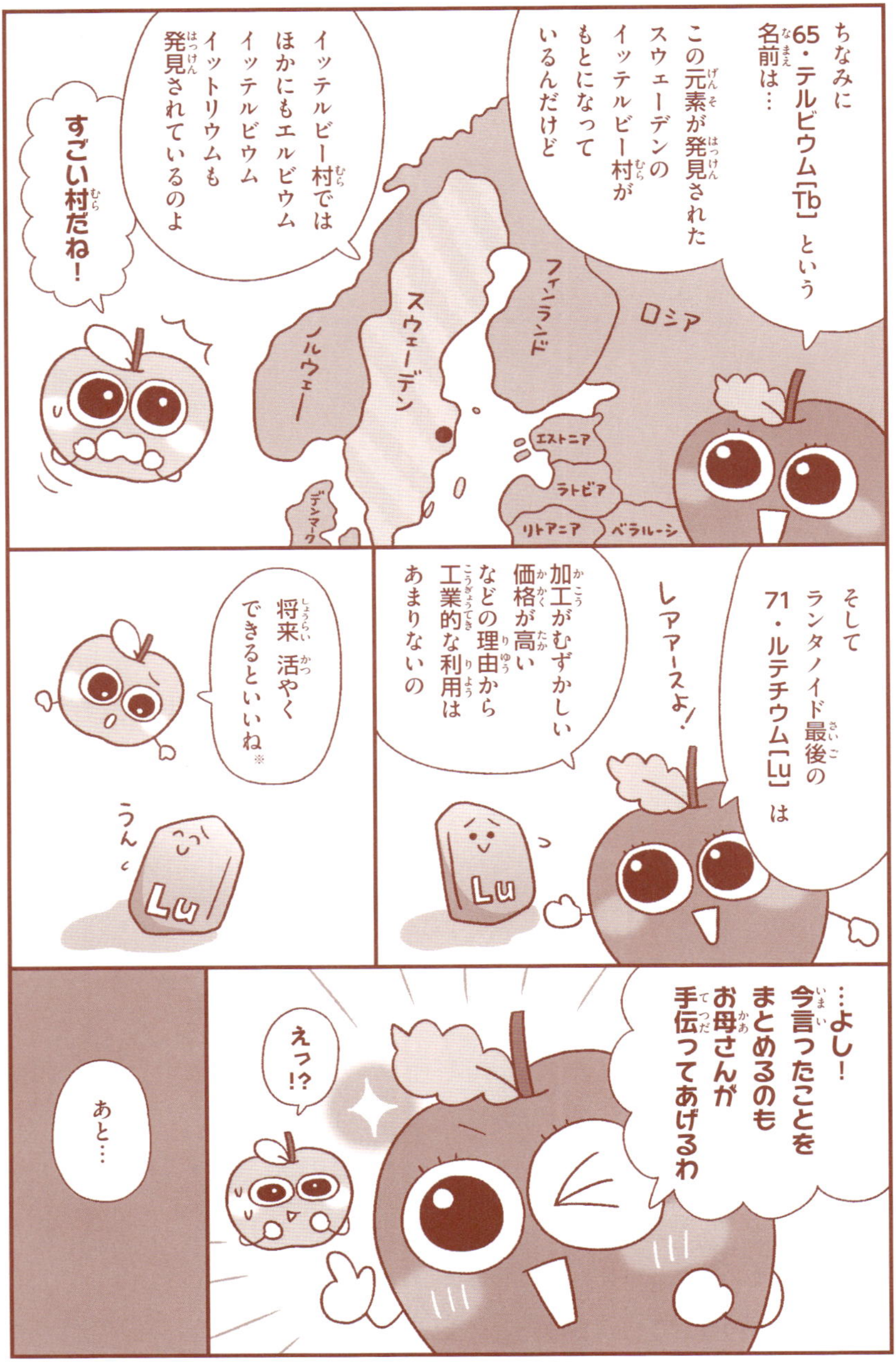

※古《ふる》い時代《じだい》の年代測定《ねんだいそくてい》や、がんのちりょうに役立《やくだ》てられないか、研究《けんきゅう》が進《すす》められている。

提出《ていしゅつ》するのもお母《かあ》さんが手伝《てつだ》ってあげる！
はいっ
!?
先生《せんせい》
自由《じゆう》研究《けんきゅう》発表《はっぴょう》
みんなの前《まえ》で発表《はっぴょう》するのも手伝《てつだ》ってあげる！
だれ??
やったわ！お母《かあ》さん学校《がっこう》の自由研究《じゆうけんきゅう》コンクールで優勝《ゆうしょう》したわ♡♡♡
!?
表彰状《ひょうしょうじょう》
賞品《しょうひん》はリンゴ1年分《ねんぶん》よ～♪
…という話《はなし》がボクが小学生《しょうがくせい》のときにありました
急《きゅう》に思《おも》い出《だ》しちゃった…
おもしろいお母《かあ》さんじゃのぉ
フォフォッフォフォッ
わあん…
せんべい

アクチノイド

89・アクチニウム【Ac】／90・トリウム【Th】／91・プロトアクチニウム【Pa】

「アクチニウム」は放射性元素《ほうしゃせいげんそ》で、ウラン鉱石《こうせき》にわずかにふくまれます。研究用以外《けんきゅうよういがい》の使《つか》い道《みち》はありませんが、アスタチン（↓126ページ）と同《おな》じように、がんのちりょうでの活《かつ》やくが期待《きたい》されています。

「トリウム」も放射性元素《ほうしゃせいげんそ》で、地中《ちちゅう》（地殻《ちかく》）に豊富《ほうふ》に存在《そんざい》します。トリウムはかつて、カメラのレンズの性能《せいのう》をアップさせるために使《つか》われていました。また、ガス灯《とう》の「ガスマントル」（発光《はっこう》する部分《ぶぶん》）にもトリウムが使《つか》われています。そして、多《おお》くのトリウムがねむるインドでは、原子力発電所《げんしりょくはつでんしょ》の燃料《ねんりょう》として利用《りよう》するために、研究《けんきゅう》が行《おこな》われています。

「プロトアクチニウム」も放射性《ほうしゃせい》元素《げんそ》ですが、人工的《じんこうてき》につくられるものと、自然界《しぜんかい》に存在《そんざい》するものがあります。研究用《けんきゅうよう》のほか、海底《かいてい》にできた地層《ちそう》の年代測定《ねんだいそくてい》に利用《りよう》されています。

ハカセMEMO《メモ》!

ガス灯《とう》

ガス灯《とう》はその名《な》のとおり、ガスを燃《も》やすことで明《あ》かりをつくる照明器具《しょうめいきぐ》じゃ。ガス灯《とう》は、日本《にっぽん》では主《おも》に明治時代《めいじじだい》の街灯《がいとう》として使《つか》われていたが、電球《でんきゅう》が普及《ふきゅう》するにつれて、しだいに数《かず》を減《へ》らしていったのじゃ（ただし、現在《げんざい》の街中《まちなか》でも見《み》られる）。

ガスマントル

Ac アクチニウム

銀白色《ぎんはくしょく》の金属《きんぞく》で、暗《くら》い場所《ばしょ》で青白《あおじろ》く光《ひか》る！

Th トリウム

インドでは、トリウムを原子力発電《げんしりょくはつでん》所《しょ》の燃料《ねんりょう》として使《つか》うために、研究《けんきゅう》が行《おこな》われている。

Pa プロトアクチニウム

海底《かいてい》の地層《ちそう》（土砂《どしゃ》とともに海底《かいてい》に積《つ》もった生《い》きものの死骸《しがい》や鉱物《こうぶつ》など）が、いつの時代《じだい》のものであるかを調《しら》べるときに、プロトアクチニウムが活《かつ》やくする。

なるほど理系脳《りけいのう》クイズ！

次《つぎ》のうち、ガス灯《とう》があるのは？　①北海道《ほっかいどう》・小樽運河《おたるうんが》　②東京駅《とうきょうえき》　③沖縄県《おきなわけん》・首里城公園《しゅりじょうこうえん》

アクチノイド

92・ウラン【U】

原子力発電《げんしりょくはつでん》の燃料《ねんりょう》

ウランガラス

ウランガラスにブラックライトを当《あ》てると、黄緑色《きみどりいろ》の蛍光《けいこう》を発《はっ》する。

「ウラン」は、自然界《しぜんかい》に存在《そんざい》する放射性元素《ほうしゃせいげんそ》です。〝核分裂《かくぶんれつ》をおこしやすいウラン〟と〝核分裂《かくぶんれつ》をおこしにくいウラン〟がありますが、ほとんどが後者《こうしゃ》です。

ウランは原子力発電所《げんしりょくはつでんしょ》の燃料《ねんりょう》として使《つか》われますが（↓116ページ）、燃料《ねんりょう》として使《つか》われるのは〝核《かく》分裂《ぶんれつ》をおこしやすいウラン〟だけを集《あつ》めたものです。

また、ウランはガラスの色《いろ》づけにも使《つか》われます。上《うえ》の写真《しゃしん》は、19世紀中《せいきなか》ごろ～20世紀中《せいきなか》ごろに、主《おも》にヨーロッパやアメリカでつくられていた「ウランガラス」です。

アクチノイド

93・ネプツニウム【Np】
94・プルトニウム【Pu】

93番《ばん》以降《いこう》の元素《げんそ》は、すべて人工《じんこう》的《てき》につくられたものです。

「ネプツニウム」という元素名《げんそめい》は、海王星《かいおうせい》（Neptune《ネプチューン》）に由来《ゆらい》します。また、「プルトニウム」も、冥王星《めいおうせい》（Pluto《プルート》）が名前《なまえ》のもとになっています。

ネプツニウムは研究用《けんきゅうよう》以外《いがい》の使《つか》い道《みち》はありませんが、プルトニウムは、原子力発電所《げんしりょくはつでんしょ》の燃料《ねんりょう》や、原子力電池《げんしりょくでんち》のエネルギーとして利用《りよう》されています。

なるほど理系脳《りけいのう》クイズ！
原子力電池《げんしりょくでんち》が使《つか》われているのは？　①目覚《めざ》まし時計《どけい》　②F1《エフワン》カー　③宇宙探査機《うちゅうたんさき》

アクチノイド

95・アメリシウム【Am】
96・キュリウム【Cm】

「アメリシウム」と「キュリウム」は、20世紀《せいき》に活《かつ》やくしたアメリカの化学者《かがくしゃ》、グレン・シーボーグらが発見《はっけん》しました。シーボーグはほかにも、94番元素《ばんげんそ》(プルトニウム)、そして97番元素《ばんげんそ》から102番元《ばんげん》素《そ》(バークリウム、カリホルニウム、アインスタイニウム、フェルミウム、メンデレビウム、ノーベリウム)の発見《はっけん》にかかわっています。

アメリシウムという名前《なまえ》は、この元素《げんそ》が発見《はっけん》された「アメリカ大陸《たいりく》」にちなんでつけられました。キュリウムは、放射能《ほうしゃのう》の研究者《けんきゅうしゃ》として知《し》られるマリー・キュリー(キュリー夫人《ふじん》)にちなんだものです。

なお、キュリウムは、かつて原子力電池《げんしりょくでんち》に用《もち》いられましたが、現在《げんざい》は研究用以外《けんきゅうよういがい》の使《つか》い道《みち》はほぼありません。

グレン・シーボーグ

アクチノイド

その名《な》は名門校《めいもんこう》から…
97・バークリウム【Bk】

「バークリウム」は、銀白色《ぎんはくしょく》をしたやわらかい金属元素《きんぞくげんそ》で、強《つよ》い放《ほう》射能《しゃのう》をもちます。

〝バークリ〟というのは、シーボーグが、アメリカにあるカリフォルニア大学《だいがく》・バークレー校《こう》の教授《きょうじゅ》だったことが由来《ゆらい》です。この学校《がっこう》は150年《ねん》以上前《いじょうまえ》からある名門校《めいもんこう》で、デヴィッド・カードや、デヴィッド・ジュリアスなど、ノーベル賞受賞者《しょうじゅしょうしゃ》がたくさん誕生《たんじょう》しています※。

※ともに近年《きんねん》（2021年《ねん》）の例《れい》。

なるほど理系脳《りけいのう》クイズ！

93番《ばん》以降《いこう》の元素《げんそ》は、何《なん》とよばれることがある？　①超《ちょう》ウラン元素《げんそ》　②新《しん》ウラン元素《げんそ》

アクチノイド

98・カリホルニウム【Cf】／99・アインスタイニウム【Es】／100・フェルミウム【Fm】

「カリホルニウム」は、非破壊検査《ひはかいけんさ》に使《つか》われている元素《げんそ》です。「非破壊検査《ひはかいけんさ》」とは、ものをこわすことなく、内部《ないぶ》にできた傷《きず》やれっかなどを調《しら》べる検査《けんさ》です。

カリホルニウムが発見《はっけん》された2年後《ねんご》の1952年《ねん》、アメリカは南《みなみ》太平洋《たいへいよう》のビキニ環礁《かんしょう》で、人類初《じんるいはつ》の水爆実験《すいばくじっけん》（水素爆弾《すいそばくだん》を爆発《ばくはつ》させる実験《じっけん》）を行《おこな》いました。この実験《じっけん》によって、灰《はい》の中《なか》からぐうぜん発見《はっけん》されたのが、「アインスタイニウム」と「フェルミウム」です。これらの元素《げんそ》については、発見《はっけん》からしばらくの間《あいだ》、軍事機密《ぐんじきみつ》として発表《はっぴょう》されませんでした。

なお、アインスタイニウムは、ドイツ生《う》まれの物理学者《ぶつりがくしゃ》「アルベルト・アインシュタイン」に、フェルミウムは、イタリア生《う》まれの物理学者《ぶつりがくしゃ》「エンリコ・フェルミ」にちなんで、元素名《げんそめい》がつけられています。

ハカセMEMO《メモ》!

水素爆弾《すいそばくだん》

ウランなどが核分裂反応《かくぶんれつはんのう》をおこすと、大《おお》きなエネルギーが得《え》られる。これを利用《りよう》したのが、原子力発電所《げんしりょくはつでんしょ》じゃ（→116ページ）。この、核分裂反応《かくぶんれつはんのう》が一気《いっき》におこるようにして、より大《おお》きなエネルギーを発生《はっせい》させるのが「原子爆弾《げんしばくだん》」じゃ。一方《いっぽう》、水素《すいそ》がおこす「核融合《かくゆうごう》」という反応《はんのう》を利用《りよう》し、原子爆弾《げんしばくだん》よりさらに大《おお》きなエネルギーを発生《はっせい》させるのが「水素爆弾《すいそばくだん》」じゃ。

クイズの答《こた》え：P141➡①

★水爆実験《すいばくじっけん》

Cf
カルホルニウム

右《みぎ》のイラストは水爆実験《すいばくじっけん》のようす。左下《ひだりした》は、アインシュタイン、右下《みぎした》はフェルミ。なお、アインスタイニウム以降《いこう》の元素《げんそ》は、基本的《きほんてき》に研究用《けんきゅうよう》。

なるほど理系脳《りけいのう》クイズ！

　アインシュタインに最《もっと》も関係《かんけい》があるのは？　①地動説《ちどうせつ》　②相対性理論《そうたいせいりろん》　③万有引力《ばんゆういんりょく》

アクチノイド

101・周期表《しゅうきひょう》をつくった、あの…メンデレビウム【Md】

周期表《しゅうきひょう》をつくりだしたメンデレーエフ（↓28ページ）をたたえて、その名《な》がつけられたのが「メンデレビウム」です。

メンデレビウムが発見《はっけん》された1955年《ねん》は「冷戦時代《れいせんじだい》※」のまっただ中《なか》で、アメリカとソ連《れん》（現在《げんざい》のロシア）が対立《たいりつ》していました。

そのような背景《はいけい》において、アメリカ人《じん》であるシーボーグがソ連《れん》にちなむ名前《なまえ》をつけたことは、大《おお》きな意味《いみ》をもちました。

※アメリカとソ連《れん》が、静《しず》かに対立《たいりつ》していた時代《じだい》のこと。第二次世界大戦後《だいにじせかいたいせんご》(1945年《ねん》) から、ソ連《れん》の崩壊《ほうかい》(1989年《ねん》) まで。

アクチノイド

102・ノーベリウム［No］
103・ローレンシウム［Lr］

「ノーベリウム」という元素《げんそ》名《めい》は、ダイナマイトを発明《はつめい》した19世紀《せいき》のスウェーデンの科《か》学者《がくしゃ》（発明家《はつめいか》）アルフレッド・ノーベルにちなんだものです。工事《こうじ》で役《やく》に立《た》つダイナマイトは非常《ひじょう》に売《う》れ、ノーベルは莫大《ばくだい》な財産《ざいさん》を築《きず》き上《あ》げました。しかし、やがてダイナマイトは戦争《せんそう》で使《つか》われるようになってしまったことから、ノーベルは「ノーベル賞《しょう》」を創《そう》設《せつ》しました※。

一方《いっぽう》、「ローレンシウム」は「サイクロトロン」というそうちを発明《はつめい》した、アメリカの物《ぶつ》理学者《りがくしゃ》アーネスト・ローレンスから元素名《げんそめい》がつけられました。ちなみに、テクネチウム（↓91ページ）は、サイクロトロンを使《つか》って人工的《じんこうてき》につくりだされた最初《さいしょ》の元素《げんそ》です。

※ノーベルの死後《しご》、彼《かれ》の遺言《ゆいごん》によって、彼《かれ》の遺産《いさん》をもとに設立《せつりつ》された。

No
ノーベリウム

ノーベル賞《しょう》のメダルにえがかれた
アルフレッド・ノーベル

サイクロトロン

Lr
ローレンシウム

なるほど理系脳《りけいのう》クイズ！
ノーベル賞《しょう》は、毎年何月《まいとしなんがつ》に受賞者《じゅしょうしゃ》が発表《はっぴょう》される？　①1月《がつ》　②6月《がつ》　③10月《がつ》

第《だい》7周期《しゅうき》

87・フランシウム【Fr】
88・ラジウム【Ra】

「フランシウム」は、フランスの物理学者《ぶつりがくしゃ》マルグリット・ペレーにより、1939年《ねん》に発見《はっけん》されました。"フラン"とは、フランスという意味《いみ》です。

マルグリットは、マリー・キュリー（キュリー夫人《ふじん》）の助手《じょしゅ》を務《つと》めていた人物《じんぶつ》です。実《じつ》は、フランシウムの次《つぎ》の原子番号《げんしばんごう》をもつ「ラジウム」も、マリーにかかわりがあります。

125～126ページでお話《はな》ししたように、ポロニウムとラドンはキュリー夫妻《ふさい》が発見《はっけん》しました。これと同《おな》じ年《とし》に、キュリー夫妻《ふさい》は放射線《ほうしゃせん》の研究《けんきゅう》をするなかで、ラジウムも発見《はっけん》しています。

なお、マリーはラジウムの放射《ほうしゃ》線《せん》を長年《ながねん》浴《あ》びつづけたことで白血《はっけつ》病《びょう》をわずらい、66歳《さい》で亡《な》くなっています（夫《おっと》のピエールは、交通《こうつう》事《じ》故《こ》で亡《な》くなっている）。

ハカセMEMO《メモ》!

2回《かい》のノーベル賞《しょう》

マリーは、一生《いっしょう》の間《あいだ》に2回《かい》ノーベル賞《しょう》を受賞《じゅしょう》した唯一《ゆいいつ》の女性《じょせい》じゃ。1回目《かいめ》は1903年《ねん》のノーベル物理学賞《ぶつりがくしょう》で、受賞《じゅしょう》理由《りゆう》は「放射能《ほうしゃのう》の研究《けんきゅう》」じゃ（夫妻として受賞《じゅしょう》した）。2回目《かいめ》は1911年《ねん》のノーベル化学賞《かがくしょう》。受賞理由《じゅしょうりゆう》は「ポロニウムとラドンの発見《はっけん》、ラジウムの性質《せいしつ》とその化合物《かごうぶつ》の研究《けんきゅう》」じゃ。

自然界《しぜんかい》から発見《はっけん》された最後《さいご》の元素《げんそ》。
ウラン鉱石《こうせき》に、ごくわずかにふくまれる。

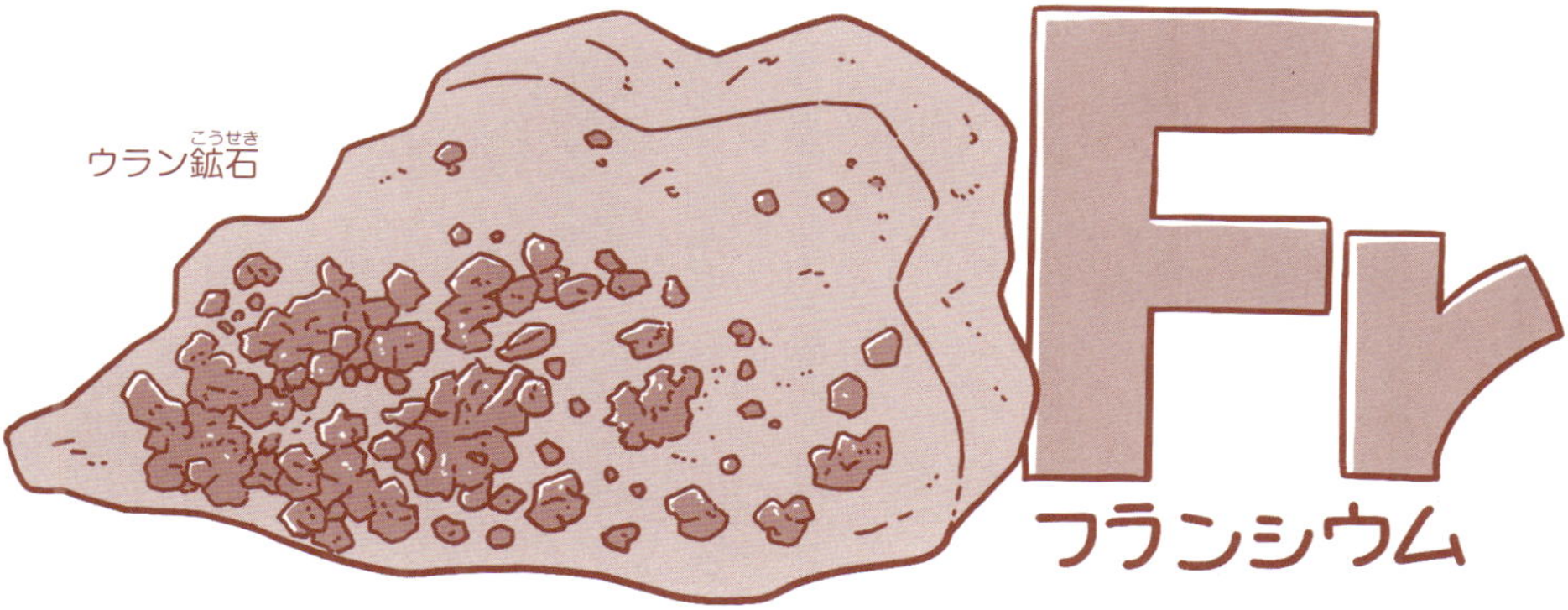

なるほど理系脳《りけいのう》クイズ！
ラジウムが「崩壊《ほうかい》」という現象《げんしょう》をおこすと、何《なに》にかわる？　①ポロニウム　②ラドン

104・ラザホージウム［Rf］
105・ドブニウム［Db］

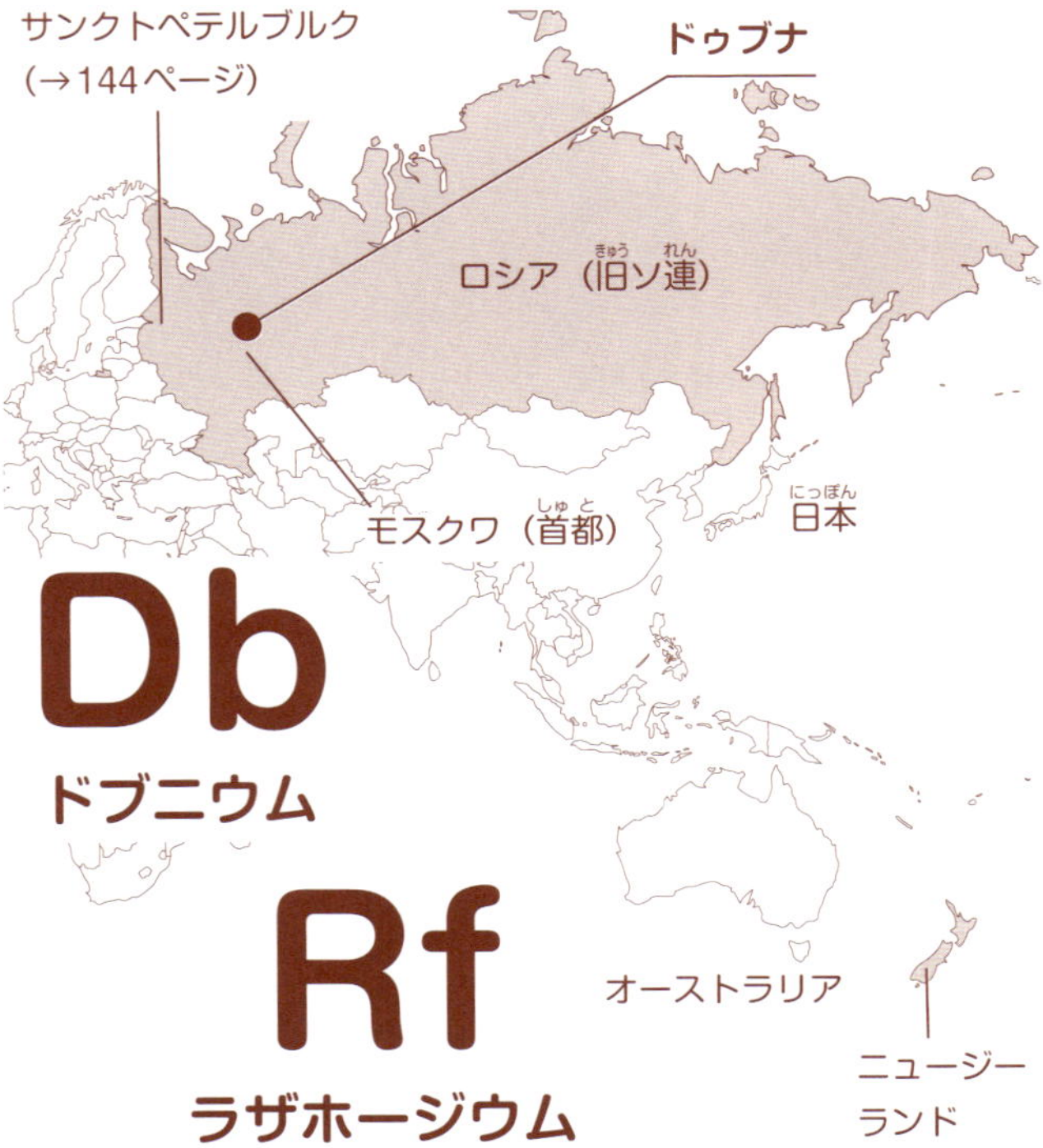

Db
ドブニウム

Rf
ラザホージウム

「ラザホージウム」は、ニュージーランド生《う》まれの物理学者《ぶつりがくしゃ》、アーネスト・ラザフォードからつけられました。ラザフォードは「原子《げんし》物理学《ぶつりがく》の父《ちち》」とよばれるほど、重《じゅう》要《よう》な発見《はっけん》や研究《けんきゅう》※をした人物《じんぶつ》として知《し》られます。

また、「ドブニウム」は、ソ連《れん》の研究《けんきゅう》チームと、アメリカの研究《けんきゅう》チームが同《おな》じ時期《じき》に発見《はっけん》しました。そのため、元素名《げんそめい》はなかなか決《き》まりませんでしたが、最終的《さいしゅうてき》に、ソ連《れん》のチームの研究所《けんきゅうしょ》（ドゥブナ合《ごう》同原子核研究所《どうげんしかくけんきゅうしょ》：JINR）がある「ドゥブナ」という地名《ちめい》にちなんだ名前《なまえ》がつけられました。

※α線《アルファせん》・β線《ベータせん》の発見《はっけん》、原子核《げんしかく》の発見《はっけん》、粒子《りゅうし》と粒子《りゅうし》をぶつけてその構造《こうぞう》を調《しら》べる「原子核《げんしかく》の人工核変換《じんこうかくへんかん》」など。

クイズの答《こた》え：P147➡②

第《だい》7周期《しゅうき》

106・シーボーギウム［Sg］

発見者《はっけんしゃ》の名前《なまえ》が存命中《ぞんめいちゅう》についた!?

シーボーグ

アメリカの化学者《かがくしゃ》グレン・シーボーグは、アクチノイドの大半《たいはん》をしめる合計《ごうけい》9つの元素《げんそ》（↓140ページ）を発見《はっけん》し、その性質《せいしつ》を解《と》き明《あ》かしました。

このことから、シーボーグは同《おな》じアメリカの化学者《かがくしゃ》であるエドウィン・マクミランとともに、1951年《ねん》にノーベル化学賞《かがくしょう》を受賞《じゅしょう》しています。

シーボーグにちなんで名前《なまえ》がつけられたのが「シーボーギウム」という元素《げんそ》です。なお、これは彼《かれ》がまだ生《い》きているときの出来事《できごと》で、亡《な》くなる前《まえ》の人物名《じんぶつめい》が元素《げんそ》につけられた、はじめての例《れい》でした。

なるほど理系脳《りけいのう》クイズ！

日本人《にほんじん》で、はじめてノーベル賞《しょう》を受賞《じゅしょう》したのは？　①湯川秀樹《ゆかわひでき》　②渋沢栄一《しぶさわえいいち》　③宮沢賢治《みやざわけんじ》

第《だい》7周期《しゅうき》

107・ボーリウム［Bh］／108・ハッシウム［Hs］／109・マイトネリウム［Mt］／110・ダームスタチウム［Ds］

107番元素《ばんげんそ》の「ボーリウム」と、109番元素《ばんげんそ》の「マイトネリウム」は、人物《じんぶつ》の名前《なまえ》が元素名《げんそめい》のもとになっています。

前者《ぜんしゃ》は、20世紀前半《せいきぜんはん》に原子《げんし》の構造《こうぞう》について研究《けんきゅう》した、デンマークの物理学者《ぶつりがくしゃ》ニールス・ボーアです。

後者《こうしゃ》は、ボーアとほぼ同《おな》じ時代《じだい》にオーストリアで生《う》まれた、物理《ぶつり》学者《がくしゃ》リーゼ・マイトナーです。マイトナーは、核分裂《かくぶんれつ》（↓116ページ）を発見《はっけん》した人物《じんぶつ》のひとりとして知《し》られています。

一方《いっぽう》、108番元素《ばんげんそ》と110番《ばん》元素《げんそ》、すなわち「ハッシウム」と「ダームスタチウム」という元素名《げんそめい》には、ドイツの地名《ちめい》がかかわっています。どちらも、ヘッセン州《しゅう》にある「重《じゅう》イオン研究所《けんきゅうしょ》」（GSI）で発見《はっけん》されたので、それぞれ「ハッシア」（ヘッセン州《しゅう》の昔《むかし》の名前《なまえ》）、「ダルムシュタット」（GSIがあるヘッセン州《しゅう》の街《まち》の名前《なまえ》）がもとになっています。

ハカセMEMO《メモ》!

ノーベル賞《しょう》とマイトナー

マイトナーは、ドイツの化学者《かがくしゃ》オットー・ハーンらとともに研究《けんきゅう》を行《おこな》い、核分裂《かくぶんれつ》を発見《はっけん》したゾ。しかし、その後《ご》ノーベル賞《しょう》を受賞《じゅしょう》したのは、マイトナー以外《いがい》の研究者《けんきゅうしゃ》（ハーンら）だったのじゃ。これは、当時《とうじ》の彼女《かのじょ》をとりまく時代背景《じだいはいけい》（マイトナーが女性《じょせい》であったこと、ユダヤ人《じん》であったこと、科学《かがく》者《しゃ》たちの派閥争《はばつあらそ》いなど）によるものとされているゾ。

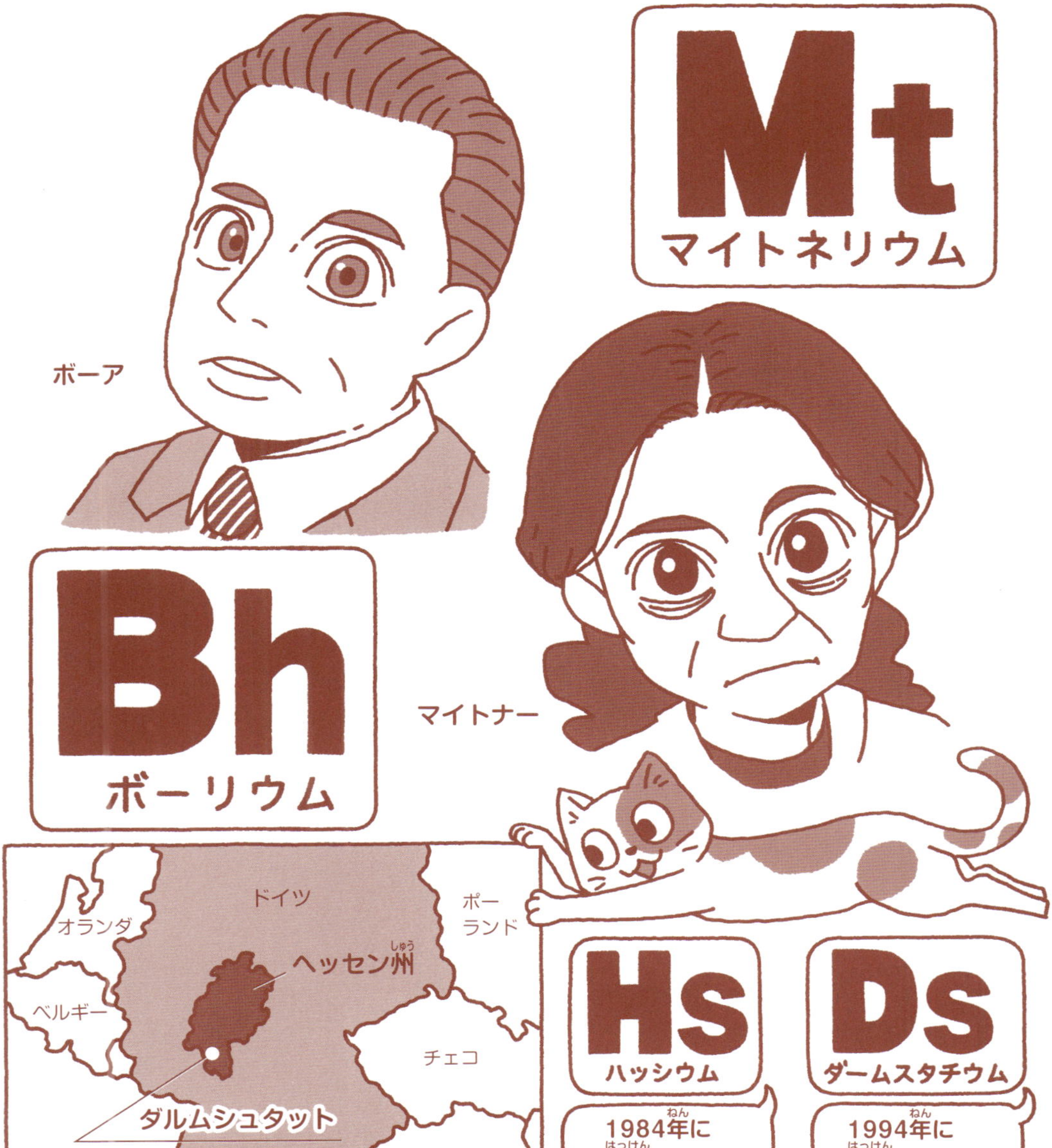

なるほど理系脳《りけいのう》クイズ！

ボーアやマイトナーが生《い》きた時代《じだい》におきた出来事《できごと》は？　①第二次世界大戦《だいにじせかいたいせん》　②ソ連《れん》の崩壊《ほうかい》

第《だい》7
周期《しゅうき》

111・レントゲニウム【Rg】
112・コペルニシウム【Cn】

　この本《ほん》で何度《なんど》か登場《とうじょう》しているX線《エックスせん》（↓114ページなど）は、放射線《ほうしゃせん》のひとつです。X線《エックスせん》は、ドイツの物理学者《ぶつりがくしゃ》ヴィルヘルム・レントゲンによって、1895年《ねん》に発見《はっけん》されました。

　111番元素《ばんげんそ》が発見《はっけん》されたのが1994年《ねん》です。つまり、レントゲンの発見《はっけん》からちょうど100年《ねん》後《ご》だったことから、「レントゲニウム」という、レントゲンにちなんだ名前《なまえ》がつけられました。

　また、112番元素《ばんげんそ》の「コペルニシウム」という名前《なまえ》は、ポーランド生《う》まれの天文学者《てんもんがくしゃ》、ニコラウス・コペルニクスにちなんだものです。コペルニクスは16世紀《せいき》に、それまで信《しん》じられていた「天動説《てんどうせつ》」をくつがえす、「地動説《ちどうせつ》」という考《かんが》え方《かた》を唱《とな》えた人物《じんぶつ》です。

　なお、元素名《げんそめい》の発表《はっぴょう》も、コペルニクスの誕生日《たんじょうび》である2月《がつ》19日《にち》に行《おこな》われました。

ハカセMEMO《メモ》!

天動説《てんどうせつ》と地動説《ちどうせつ》

地球《ちきゅう》は宇宙《うちゅう》の中心《ちゅうしん》にあり、地球以外《ちきゅういがい》の天体《てんたい》は、地球《ちきゅう》のまわりをまわって（公《こう》転《てん》して）いるという考《かんが》え方《かた》を「天動《てんどう》説《せつ》」というゾ。これに対《たい》し、地球《ちきゅう》はほかの惑星《わくせい》とともに太陽《たいよう》のまわりを公転《こうてん》しているとするのが「地動説《ちどうせつ》」じゃ。現在《げんざい》では、地動説《ちどうせつ》が正《ただ》しいことがしょうめいされているが、15世紀《せいき》くらいまでは天動説《てんどうせつ》が信《しん》じられていたゾ。

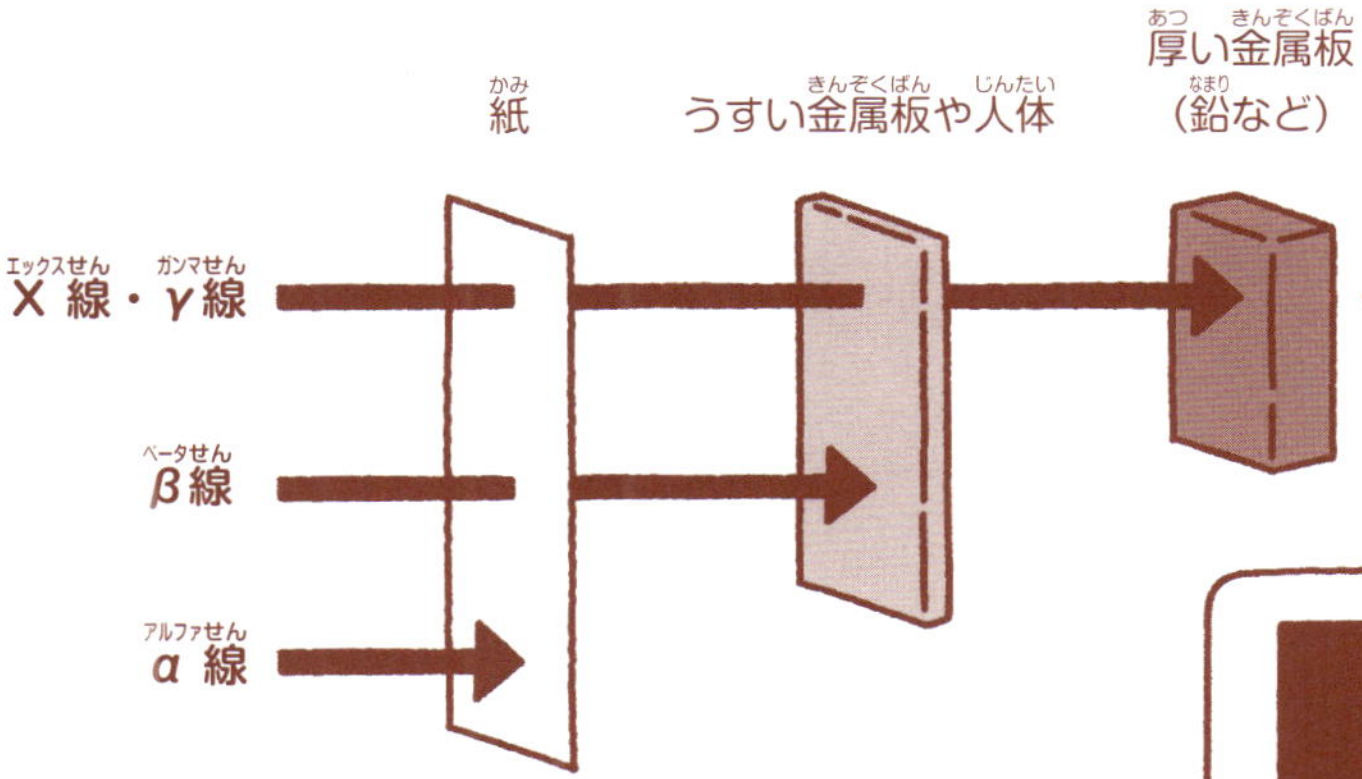

紙《かみ》や人体《じんたい》などは通《とお》りぬけるが、鉛《なまり》や鉄《てつ》は通《とお》れない！
（→124ページ）

Rg
レントゲニウム

※参考《さんこう》：茨城県《いばらきけん》のウェブサイト
(https://www.pref.ibaraki.jp/)

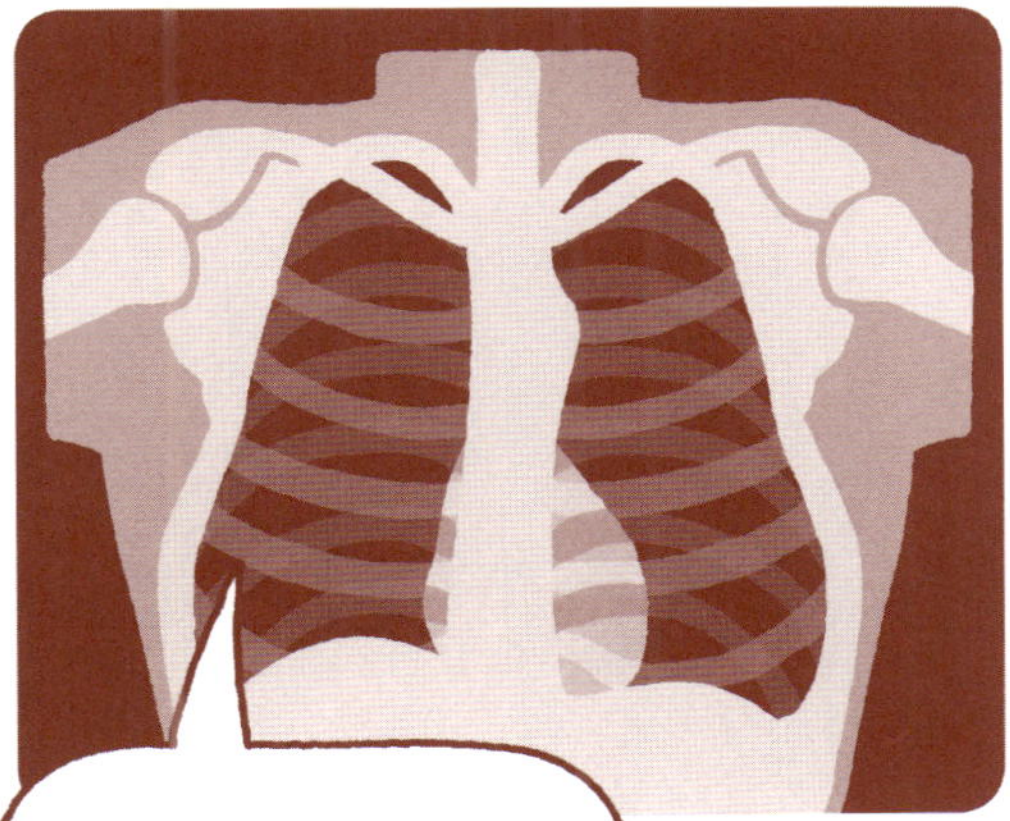

X線《エックスせん》は人体《じんたい》を通《とお》りぬけるので、X線写真《エックスせんしゃしん》（レントゲン写真《しゃしん》）がとれる！

Cn
コペルニシウム

ニコラウス・コペルニクス
（1473～1543）

なるほど理系脳《りけいのう》クイズ！
153　コペルニシウムは、正式《せいしき》な名前《なまえ》が決《き》まるまで何《なん》とよばれていた？　①マーラーカオ　②ウンウンビウム

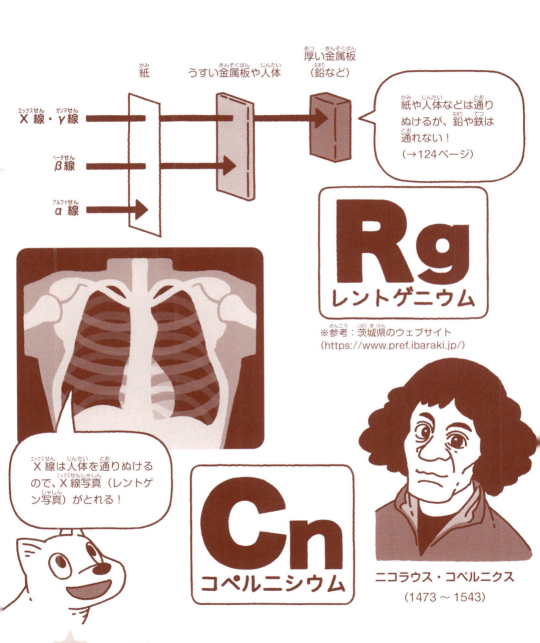

第《だい》7周期《しゅうき》

アジア初《はつ》の快挙《かいきょ》！ 113・ニホニウム【Nh】

2015年《ねん》12月《がつ》、113番元素《ばんげんそ》が新《あたら》しい元素《げんそ》として国際的《こくさいてき》に認《みと》められました。発見者《はっけんしゃ》は、日本《にっぽん》にある理化学研究所《りかがくけんきゅうしょ》の、森田浩介博士《もりたこうすけはくし》らの研究《けんきゅう》グループです。

アジアの国《くに》が元素《げんそ》を命名《めいめい》する権《けん》利《り》を得《え》たのは、科学史上《かがくしじょう》はじめてのことでした。113番元素《ばんげんそ》は、発見《はっけん》された日本《にっぽん》にちなんで「ニホニウム」と名《な》づけられました。

新《あたら》しい元素《げんそ》をつくりだすには、「加速器《かそくき》」というそうちが使《つか》われます。加速器《かそくき》で2つの元素《げんそ》（原子《げんし》核《かく》）をとてつもない速《はや》さでしょうとつさせると、それらが合体《がったい》※して、新《あたら》しい元素《げんそ》が生《う》まれるのです。ニホニウムでは、亜鉛《あえん》とビスマスをしょうとつさせました。

2つの元素《げんそ》をぶつけることは簡《かん》単《たん》ではなく、成功《せいこう》したのは400兆回《ちょうかい》（9年間《ねんかん》）で、たった3回《かい》だったそうです。

※元素《げんそ》（原子核《げんしかく》）どうしがしょうとつ・合体《がったい》することを核融合反応《かくゆうごうはんのう》という（→142ページ）。

ハカセMEMO《メモ》！

3回目《かいめ》の成功《せいこう》

ニホニウムがはじめてつくりだされたのは、2004年《ねん》7月《がつ》じゃ。その後《ご》、2005年《ねん》4月《がつ》と2012年《ねん》8月《がつ》にも成功《せいこう》したゾ。とくに3回目《かいめ》の成功《せいこう》が、新元素発見《しんげんそはっけん》の決定的《けっていてき》な“しょうこ”となったのじゃ。

なお、当時《とうじ》ロシアとアメリカの合同研究《ごうどうけんきゅう》チームも113番元素《ばんげんそ》をつくりだすことに成功《せいこう》していたが、最終的《さいしゅうてき》には日本《にっぽん》のチームが、発見者《はっけんしゃ》として命名《めいめい》する権利《けんり》を勝《か》ち取《と》ったのじゃ。

森田浩介博士《もりたこうすけはくし》。ニホニウムを発見《はっけん》した研究《けんきゅう》グループをまとめた。

ニホニウムの寿命《じゅみょう》は、わずか1000分《ぶん》の２秒《びょう》。少《すく》なくとも現時点《げんじてん》では、ワシらの生活《せいかつ》に役立《やくだ》つことはないのじゃ。しかし、今後研究《こんごけんきゅう》が進《すす》めば、なくてはならない存在《そんざい》になる可能性《かのうせい》もあるゾ。

埼玉県和光市《さいたまけんわこうし》にある理化学研究所《りかがくけんきゅうしょ》の門《もん》の前《まえ》には、ニホニウムのプレートがかざられている。

なるほど理系脳《りけいのう》クイズ！

ニホニウムの寿命《じゅみょう》（1000分《ぶん》の２秒《びょう》）を言《い》いかえると？　①２日《ふつか》　②0.2秒《びょう》　③0.002秒《びょう》

第《だい》7周期《しゅうき》

116・リバモリウム［Lv］ 117・テネシン［Ts］

114～118番《ばん》元素《げんそ》は、すべてロシアとアメリカの、合同研究《ごうどうけんきゅう》チームが発見《はっけん》しました。そのうち、116番《ばん》の「リバモリウム」という元素名《げんそめい》は、アメリカの「ローレンス・リバモア国立研究所《こくりつけんきゅうしょ》」にちなんでつけられました。

また、117番《ばん》の「テネシン」という元素名《げんそめい》も、アメリカの「オークリッジ国立研究所《こくりつけんきゅうしょ》」がある「テネシー州《しゅう》」に由来《ゆらい》します（↓次《つぎ》のページにつづく）。

第《だい》7周期《しゅうき》

114・フレロビウム［Fl］／115・モスコビウム［Mc］
118・オガネソン［Og］

一方《いっぽう》で、残《のこ》りの3つにはロシアに関《かん》する名前《なまえ》がつけられました。

「モスコビウム」は、114～118番元素《ばんげんそ》が発見《はっけん》された「ドゥブナ合同原子《ごうどうげんし》核研究所《かくけんきゅうしょ》」がある、ロシアの「モスクワ州《しゅう》」から。また、「フレロビウム」は、この研究所《けんきゅうしょ》と同《おな》じ街《まち》にある「フレロフ核反応研究所《かくはんのうけんきゅうしょ》」が由来《ゆらい》となっています。

「オガネソン」は、合同《ごうどう》チームを率《ひき》いたロシアの物理学者《ぶつりがくしゃ》ユーリ・オガネシアンにちなんでいます。

なお、オガネシアンは現代《げんだい》の人物《じんぶつ》で、研究者《けんきゅうしゃ》として活動《かつどう》をつづけています。つまり、亡《な》くなる前《まえ》の人物《じんぶつ》が元素名《げんそめい》になったのです。このような例《れい》は、オガネソンとシーボーギウム（↓149ページ）だけです。

左《ひだり》の写真《しゃしん》は、ドゥブナ合同《ごうどう》原子核研究所《げんしかくけんきゅうしょ》（本部《ほんぶ》）。

なるほど理系脳《りけいのう》クイズ！

オガネソンは2002年《ねん》に発見《はっけん》され、何年《なんねん》に命名《めいめい》された？　①2002年《ねん》　②2016年《ねん》　③2024年《ねん》

ハカセの一言《ひとこと》！

☆★ 宮沢賢治《みやざわけんじ》と元素《げんそ》 ★☆

明治《めいじ》、大正《たいしょう》、昭和時代《しょうわじだい》を生《い》き、『注文《ちゅうもん》の多《おお》い料理店《りょうりてん》』や『銀河鉄道《ぎんがてつどう》の夜《よる》』などで知《し》られる作家《さっか》、宮沢賢治《みやざわけんじ》の作品《さくひん》には、元素《げんそ》や鉱物《こうぶつ》が登場《とうじょう》するものがあるのじゃ。ここでは、その一部《いちぶ》を紹介《しょうかい》するゾ！

『土神《つちかみ》と狐《きつね》』

とけた銅《どう》の汁《しる》をからだ中《じゅう》にかぶったやうに朝日《あさひ》をいっぱいに浴《あ》びて土神《つちかみ》がゆっくりゆっくりやって来《き》ました。

自然《しぜん》に存在《そんざい》する銅《どう》は、酸素《さんそ》（酸素分子《さんそぶんし》：O_2）と結《むす》びついて、本来《ほんらい》よりも赤《あか》っぽい色《いろ》をしている。賢治《けんじ》はこの特徴《とくちょう》を理解《りかい》したうえで、朝日《あさひ》のかがやきをあらわす表現《ひょうげん》として使《つか》っている。

『イーハトーボ農学校《のうがっこう》の春《はる》』

そこらいっぱいこんなにひどく明《あか》るくて、ラジウムよりももっとはげしく、そしてやさしい光《ひかり》の波《なみ》が一生《いっしょう》けん命一生《めいいっしょう》けん命《めい》ふるえているのに、いったいどんなものがきたなくてどんなものがわるいのでしょうか。

ラジウムは空気中《くうきちゅう》の酸素《さんそ》（酸素分子《さんそぶんし》：O_2）と結《むす》びつくと、暗闇《くらやみ》で青白《あおじろ》い光《ひかり》を放《はな》つ。賢《けん》治《じ》はこれを「やさしい光《ひかり》」として、青空《あおぞら》に広《ひろ》がる春《はる》の太陽《たいよう》の光《ひかり》と対比《たいひ》させている。

クイズの答《こた》え：P157➡②

マンガ

松本麻希	26-30, 86-94, 106-110, 128-135

イラスト

イケウチリリー	21, 23, 35, 37, 45, 55, 57, 71, 105, 122
いとうみつる	50, 51, 59, 97, 101
桜井葉子	47, 48, 69, 83, 84, 119, 120, 121, 156
さややん。	33, 39, 41, 75, 77, 79, 99, 113, 124, 127, 137
関上絵美・晴香	42, 68, 74, 116
深蔵	81, 82, 115, 117, 123, 147
堀江篤史	17, 19, 25, 43, 61, 63, 103, 139, 140, 143
まるみや	67, 73, 141, 145, 151, 153

イラスト・写真

4	TACT 木本俊晴/Newton Press
8	akg-images/アフロ
16	東京大学 大学院新領域創成科学研究科 杉本宜昭
32	Yanka/stock.adobe.com
32-33	juliedeshaies/stock.adobe.com
33・34	ledokol.ua/stock.adobe.com
36	freedom_wanted/stock.adobe.com
41	Peter Hermes Furian/stock.adobe.com
49	Mazur Travel/stock.adobe.com
54	Oleh/stock.adobe.com
58	裕規作道/stock.adobe.com
64	(死海)vicspacewalker/stock.adobe.com, (ホアン・ロン)vadim_petrakov/stock.adobe.com
66	Yanka/stock.adobe.com
66-67	juliedeshaies/stock.adobe.com
67・69	MayanoArt/stock.adobe.com
72	malajscy/stock.adobe.com
76	moonrise/stock.adobe.com
77	Dmitry Pichugin/stock.adobe.com
85	ナカ/PIXTA
99	juliedeshaies/stock.adobe.com
100	muddymari/stock.adobe.com
112	Yanka/stock.adobe.com
112-113	juliedeshaies/stock.adobe.com
119	東北大学史料館
125	(ビスマス結晶)Björn Wylezich/stock.adobe.com, (キュリー夫妻)Archivist/stock.adobe.com
136	paylessimages/stock.adobe.com
138	Matthew Benoit/stock.adobe.com
144	natros/stock.adobe.com
148	J BOY/stock.adobe.com
149	Science Source/アフロ
155	理化学研究所
157	Hrustov(Creative Commons)
Newton Press	38, 52, 56, 63, 78, 98, (理研入口)155

［監修］
桜井 弘／さくらい・ひろむ
京都薬科大学名誉教授。薬学博士。京都大学薬学部製薬化学科卒業。専門は生物無機化学、代謝分析学。現在は、子供から大人まではば広い世代に、元素や化学のおもしろさを伝える活動を行っている。著書に、『元素検定』（編著）、『元素検定2』（編著）、『元素118の新知識 第2版』（編著）、『宮沢賢治の元素図鑑』などがある。

［スタッフ］

編集マネジメント	中村真哉
編集	上島俊秀
組版	髙橋智恵子
誌面デザイン	岩本陽一
カバーデザイン	宇都木スズムシ＋長谷川有香（ムシカゴグラフィクス）
ライター	薬袋摩耶
マンガ	松本麻希
イラスト	イケウチリリー　いとうみつる　桜井葉子　さややん。 関上絵美・晴香　深蔵　堀江篤史　まるみや

好きを知識と力にかえる
博士ずかん
118元素

2025年1月20日　発行
発行人　松田洋太郎
編集人　中村真哉
発行所　株式会社ニュートンプレス
〒112-0012　東京都文京区大塚3-11-6
https://www.newtonpress.co.jp
電話　03-5940-2451

ISBN 978-4-315-52882-4